村镇供水行业专业技术人员技能培训丛书

供水机电运行与维护1
供水水泵结构性能与运行维修

主编 庄中霞　副主编 苏景军 尹六寓

U0283225

中国水利水电出版社
www.waterpub.com.cn

内 容 提 要

本书是村镇供水行业专业技术人员技能培训丛书第四系列的第一分册，介绍了供水水泵的结构性能与运行维修。全书共分9章，内容包括：泵和泵站的概述，离心泵的基本构造及其各部件作用，离心泵的工作原理、分类与性能参数，离心泵的性能曲线与工况调节，离心泵的型号与机组的选型配套，水泵的运行操作、维护与故障处理，泵站的机组安装与运行管理，离心泵的检修，泵站运行、保养程序与规范。

本书采用图文并茂的形式编写，内容既简洁又不失完整性，深入浅出，通俗易懂，非常适合村镇供水从业人员阅读学习。本书可作为职业资格考核鉴定的培训用书，也可作为村镇供水从业人员岗位学习的参考书。

图书在版编目（CIP）数据

供水机电运行与维护. 1，供水水泵结构性能与运行
维修 / 庄中霞主编. -- 北京 : 中国水利水电出版社，
2014.12
　（村镇供水行业专业技术人员技能培训丛书）
　ISBN 978-7-5170-2819-2

Ⅰ. ①供… Ⅱ. ①庄… Ⅲ. ①给水排水泵－结构性能
②给水排水泵－运行③给水排水泵－维修 Ⅳ. ①TV734
②TH38

中国版本图书馆CIP数据核字(2014)第304754号

书　　名	村镇供水行业专业技术人员技能培训丛书 供水机电运行与维护1　供水水泵结构性能与运行维修
作　　者	主编　庄中霞　副主编　苏景军　尹六寓
出版发行	中国水利水电出版社 （北京市海淀区玉渊潭南路1号D座　100038） 网址：www. waterpub. com. cn E-mail：sales@waterpub. com. cn 电话：(010) 68367658（发行部）
经　　售	北京科水图书销售中心（零售） 电话：(010) 88383994、63202643、68545874 全国各地新华书店和相关出版物销售网点
排　　版	中国水利水电出版社微机排版中心
印　　刷	北京鑫丰华彩印有限公司
规　　格	140mm×203mm　32开本　3.625印张　98千字
版　　次	2014年12月第1版　2014年12月第1次印刷
印　　数	0001—3000 册
定　　价	**15.00元**

序

近年来，各级政府和行业主管部门投入了大量人力、物力和财力建设农村饮水安全工程，而提高农村供水从业人员的专业技术和管理水平，是使上述工程发挥投资效益、可持续发展的关键措施。目前，各地乃至全国都在开展相关的培训工作，旨在以此方式提高基层供水单位的运行及管理的专业化水平。

与城市集中式供水相比，农村集中式供水是一项新型的、方兴未艾的事业，急需大量的、各层次的懂技术、会管理的专业人才，而基层人员又是重要的基础和保证。本丛书的编者们结合工程实践、提炼技术关键、总结管理经验，认真分析基层供水行业技术和管理人员的基础知识和认知能力，依据农村供水行业各工种岗位应知应会的要求，编写了这套由浅入深、图文并茂、通俗易懂、操作指导性强的系列丛书，以方便农村供水从业人员在日常工作中学习、查阅和操作。该丛书按照工种岗位职业资格标准编写，体现出了职业性、实用性、通俗性和前瞻性，可作为相关部门和企业定岗考核的重要参考依据，也可供各地行业主管部门作为培训的参考资料。

本丛书的出版是对我国现有农村供水行业读物的

一个新的补充和有益尝试，我从事农村饮水安全事业多年，能看到这样的读物出版，甚为欣慰，故以此为序。

2013 年 5 月

前　言

　　我国村镇集中式供水与城市供水相比是一项新兴的事业，开展村镇供水行业技术人员的培训是提高村镇供水从业人员技术和管理能力，推进在村镇供水行业中有步骤开展职业资格证制度的一项重要基础性工作。在总结广东省村镇供水行业技术人员培训工作和对现有村镇供水培训教材调研的基础上，编写一套针对性强，方便学习、查阅和指导日常操作的培训丛书是十分必要和迫切的。在广东省水利厅的大力支持下，组织有关专家编写了本套《村镇供水行业专业技术人员技能培训丛书》，以满足村镇供水从业人员技能培训和职业技能鉴定的需要。丛书以工种岗位职业资格标准为大纲，体现职业性、实用性、通俗性和前瞻性。

　　本丛书共包括《供水水质检测》、《供水水质净化》、《供水管道工》、《供水机电运行与维护》、《供水站综合管理员》等 5 个系列，每个系列又包括 1～3 本分册。丛书内容简明扼要、深入浅出、图文并茂、通俗易懂，具有易读、易记和易查的特点，非常适合村镇供水行业从业人员阅读和学习。丛书可作为培训考证的学习用书，也可作为从业人员岗位学习的参考书。

　　本丛书的出版是对现有村镇供水行业培训教材的一

个新的补充和尝试，如能得到广大读者的喜爱和同行的认可，将使我们倍感欣慰、备受鼓舞。

村镇供水从其管理和运行模式的角度来看是供水行业的一种新类型，因此编写本套丛书是一种尝试和挑战。在编写过程中，在邀请供水行业专家参与编写的基础上，还特别邀请了村镇供水的技术负责人与技术骨干担任丛书评审人员。由于对村镇供水行业从业人员认知能力的把握还需要不断提高，书中难免还有很多不足之处，恳请同行和读者提出宝贵意见，使培训丛书在使用中不断提高和日臻完善。

丛书编委会
2013 年 5 月

目　录

第 1 章　泵和泵站的概述

1.1　泵的作用

泵作为一种广泛应用于国民经济建设中的通用机械,许多行业都需要。泵的应用十分广泛,主要用于以下几个方面。

1. 采矿行业等

主要用于矿井竖井的井底排水,大型矿床地表疏干,掘进斜井的初期排水。

2. 电力行业等

主要有高压锅炉给水泵,冷热水循环泵,水力清渣除灰高压泵,冷却水补给泵。

3. 市政建设与村镇供排水(图 1.1.1)

流程一:原水由取水泵站从水源地抽送至水厂,净化后的清水由送水泵站输送到城市管网中去。

流程二:城市中排泄的生活污水和工业废水经排水管渠系统

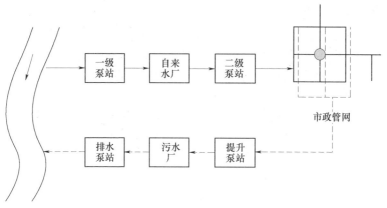

图 1.1.1　城镇给排水系统工艺基本流程

汇集后，也必须由排水泵站将污水抽送至污水处理厂，经过处理后的污水再由另一个排水泵站（或用重力自流）排放入江河湖海中去，或者排入农田作为灌溉之用。

4. 农业与林业

主要用于农作物的取水与灌溉。

水的社会循环过程：水的采集──→净化──→输送──→回收利用──→再净化──→再输送──→再利用。

部分国家"零排放"，即污水处理厂处理后的水不排放回水源，重新作为城市自来水厂的第二水源启用。

1.2 泵的定义及分类

1. 泵的定义

泵是输送和提升液体的机器。它把原动机的机械能转化为被输送液体的能量，使液体获得动能或势能。

水泵通过能量转换将水体自低处提升到高处或压送到用水地点。

2. 泵的分类

泵一般多按结构和作用原理进行分类，有时根据需要也按使用部门、用途、动力类型和水力性能等进行分类。

（1）按使用部门分为农业用泵（农用泵）、工业用泵（工业泵）和特殊用泵等。

（2）按用途分为水泵、砂泵、泥浆泵、污水泵、污物泵、井用泵、潜水电泵、喷灌泵、家用泵、消防泵等类型。

（3）按动力类型分为手动泵、蓄力泵、脚踏泵、风力泵、太阳能泵、电动泵、机动泵、水轮泵、内燃泵、水锤泵等。

（4）按水力性能分为离心泵、混流泵、轴流泵、旋流泵、射流泵、容积泵（螺杆泵、活塞泵、隔膜泵）、链条泵、电磁泵、液环泵、脉冲泵等。

（5）按作用原理不同分为以下几种。

1）叶片式泵。它对液体的压送是靠装有叶片的叶轮高速旋转而完成的。属于这一类的有离心泵、轴流泵、混流泵。

2）容积式泵。它对液体的压送是靠泵体工作室容积的改变来完成的。一般使工作室容积改变的方式有往复运动和旋转运动两种，如喷雾器等。

3）其他类型泵。这类泵是指除叶片式泵和容积式泵以外的特殊泵。属于这一类的有螺旋泵、射流泵、水锤泵、水轮泵以及气升泵。

3. 叶片式泵的特点与分类

（1）叶片式泵的主要特点。叶片式泵依靠叶轮的高速旋转对水产生作用力，将原动机的机械能转化为水的动能和压能，从而完成能量的转换。

叶片式泵效率高、成本低、结构简单、使用方便、运行可靠、适用范围广。

（2）叶片式泵的分类。按叶轮出水水流方向不同将叶片式泵分为以下几种类型。

1）离心泵。径向流，即水流方向与泵轴垂直受离心力作用。

2）轴流泵。轴向流，即水流方向与泵轴平行受轴向升力作用。

3）混流泵。斜向流，即离心力和轴向升力共同作用。

如图1.2.1所示为叶片式泵水流方向。

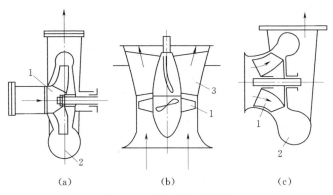

图 1.2.1　叶片式泵水流方向

（a）离心泵；（b）轴流泵；（c）混流泵

1—叶轮；2—蜗形体；3—导叶

3

离心泵的特点是小流量、高扬程；轴流泵的特点是大流量、低扬程；混流泵介于二者之间。

图1.2.2为离心泵机组，图1.2.3为单级双吸离心泵结构原理图。村镇供水根据水泵特点多采用离心泵，后续章节将以离心泵为主进行讲解。

图 1.2.2　离心泵机组

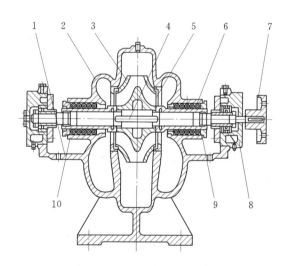

图 1.2.3　单级双吸离心泵结构原理图

1—泵体；2—泵盖；3—叶轮；4—轴；5—双吸密封环；6—轴套；
7—联轴器；8—轴承体；9—填料压盖；10—填料

4. 给水排水工程中的泵

（1）水泵定义。水泵是输送和提升水的机械。它把原动机的机械能转化为被输送水的能量，使水获得动能或势能：电能——机械能——压能（势能）。

（2）城镇给水工程。水泵扬程为 $20\sim100m$，单泵流量为 $50\sim10000m^3/h$，多采用离心泵，大型水厂采用多台离心泵并联工作。

（3）排水工程。城市雨水、污水泵站扬程为 $2\sim12m$，流量大于 $10000m^3/h$，多采用轴流泵。

1.3 水泵及水泵站的应用

1. 跨区、跨市的长距离、大流量的输配水系统工程建设

跨区、跨市的长距离、大流量的输配水系统工程是采用现代工程技术，从水源地通过取水建筑物、机电设备、输水建筑物引水至需水地的一种水利工程。例如，南水北调将把长江、淮河、黄河、海河流域连接起来、统一调剂，构成我国水资源"四横三纵，南北调配，东西互济"的新格局，从根本上扭转了中国水资源分布严重不均的局面。如此宏大的工程在世界水利史上是罕见的。

2. 城镇供水排水

楼房生活供水、消防供水用泵，主要是管道泵（ISG、ISW 系列）、立式多级泵（DL、LG、GDL 系列）、消防泵（XBD 系列）以及恒压供水、无负压供水、稳压罐、气压罐等。暖通、自来水公司、集中供热、市政排水方面用泵，包括双吸泵（S、SH 系列）、管道泵（ISG、ISW 系列）、普通离心泵（IS 系列）、大型污水潜水泵等城镇供水以离心泵为主，城镇排洪以轴流泵为主。

3. 新农村建设与农田灌溉

主要是村镇人畜饮水、安全用水、集中供水方面用泵，包括无线遥控供水、电脑集中控制供水、变频恒压供水、水处理等。不能自流灌溉，采用泵进行机电提水。

4. 环境保护

主要是城市污水、工业废水处理方面的翻水及曝气用泵，包括污水潜水泵（WQ系列）、液下污水泵（YW系列）、自吸污水泵（ZW系列）、混流泵（HW系列）。

5. 矿山和工厂

主要是采矿、选矿方面，包括管道渠（ISG、ISW系列）、多级离心泵（D型泵）、污水潜水泵（WQ、BQW系列）、泥浆泵（YW、NYL系列）。

6. 防洪排涝

平原河网地区和低洼地区因地势低易涝，需要用水泵进行机电排水。例如珠三角地区的排涝防洪泵站。

1.4 离心泵与泵站的发展趋势

根据《2014—2018年中国离心泵制造行业产销需求预测与转型升级分析报告》数据显示，近年来离心泵行业发展状况良好。

1. 城市污水处理行业对离心泵的需求量大

"十二五"期间，城市污水处理领域的泵类产品需求量将在600亿元左右，未来三年还有近400亿的市场需求，利好离心泵行业。

2. 农村市场对离心泵的需求增大

目前市场上农用水泵多为离心泵，农用水泵产品正式进入国家农机补贴目录后，随着在全国各省市自治区的落实，未来几年，农用水泵行业将进入年产值12%以上的高速增长期。农用水泵作为泵业的子行业，以其销售收入占泵行业销售收入14%计算，到2015年，全球农用水泵市场将超过60亿美元。

3. 泵站的发展趋势

（1）大型化、大容量化。

（2）高扬程化、高速化。

（3）系列化、通用化、标准化。

（4）自动与节能。

第2章 离心泵的基本构造及其各部件作用

图 2.1 为单级单吸卧式离心泵的构造剖面图,图 2.2 为单级双吸卧式离心泵的构造剖面图。由图 2.1 和图 2.2 可见离心泵的主要零件由转动、固定及交接三大部件组成,其中转动部件有叶轮和泵轴;固定部件有泵壳和泵座;交接部件有轴承、轴封(填料)、联轴器、减漏环等。

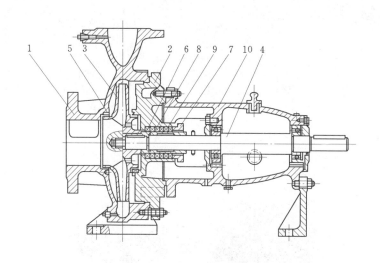

图 2.1 单级单吸卧式离心泵剖面图

1—泵体;2—泵盖;3—叶轮;4—轴;5—减漏环;6—轴套;
7—填料压盖;8—填料环;9—填料;10—悬架轴承部件

图 2.3 所示为双吸离心泵取掉泵盖后的外形图。

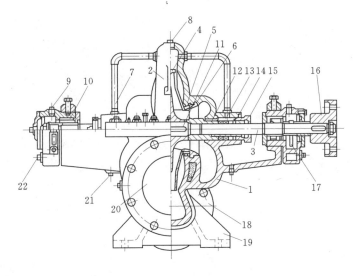

图 2.2　单级双吸卧式离心泵剖面图

1—泵体；2—泵盖；3—泵轴；4—叶轮；5—叶轮上减漏环；
6—泵壳上减漏环；7—水封管；8—充水孔；9—油孔；
10—双列滚珠轴承；11—键；12—填料套；13—填料环；
14—填料；15—压盖；16—联轴器；17—油杯指示管；
18—压水管法兰；19—泵座；20—吸水管；
21—泄水孔；22—放油孔

图 2.3　双吸离心泵取掉泵盖后的外形图

2.1 转动部分

1. 叶轮

（1）功能。叶轮是水泵进行能量转换的主要部件。

（2）材料。离心力作用有一定机械强度，所以材料要考虑耐磨性、耐腐蚀性，多采用铸铁、铸钢和青铜制作。

（3）构造。叶轮一般可分为单吸式叶轮和双吸式叶轮两种。单吸式叶轮是单侧吸水，叶轮的前盖板与后盖板呈不对称状，如图 2.1.1 所示，泵内产生的轴向力方向指向进水侧，单级单吸离心泵采用这种叶轮型式。双吸式叶轮是两侧进水，叶轮盖板呈对称状，如图 2.1.2 所示，相当于两个背靠背的单吸式叶轮装在同一根转轴上并联工作，由于双侧进水，轴向推力基本上可以相互抵消，双吸离心泵采用双吸式叶轮。

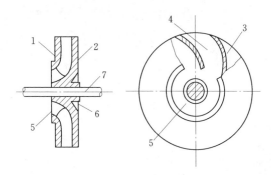

图 2.1.1　单吸式叶轮简图

1—前盖板；2—后盖板；3—叶片；4—流道；
5—吸水口；6—轮毂；7—泵轴

叶轮按盖板情况可分为封闭式叶轮、敞开式叶轮和半开式叶轮三种形式。两侧都有盖板的叶轮，称为封闭式叶轮，如图 2.1.3（a）所示，这种叶轮应用最广，抽送清水的离心泵多采用装有 6～12 个叶片的封闭式叶轮，它具有较高的扬程和效率。只有叶片没有盖板的叶轮称为敞开式叶轮，如图 2.1.3（b）所示。

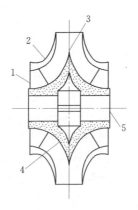

图 2.1.2　双吸式叶轮简图

1—吸入口；2—轮盖；3—叶片；4—轮毂；5—轴孔

只有后盖板没有前盖板的叶轮，称为半开式叶轮，如图 2.1.3 (c) 所示。在抽送含有悬浮物的污水时，为了避免堵塞，离心泵常采用敞开式或半开式叶轮，这种叶轮叶片少，一般仅为 2～5 片，但水泵效率较低。

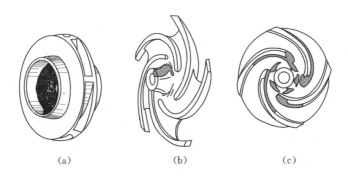

　　(a)　　　　　　　(b)　　　　　　　(c)

图 2.1.3　叶轮形式

(a) 封闭式叶轮；(b) 敞开式叶轮；(c) 半开式叶轮

2. 泵轴、轴承及轴套

(1) 功能。支承叶轮并将原动机的机械能传递给叶轮。

(2) 材料。常用碳素钢制成，要求有足够的抗扭强度和刚度，挠度不超过允许值，工作转速不能接近产生共振现象的临界转速。

（3）水泵的转子由叶轮与泵轴组成，二者通过键来连接，但此键只能传递扭矩而不能固定叶轮的轴向位置，大中型泵中叶轮轴线采用轴套和并紧轴套的螺母来定位。

轴套用于保护泵轴，以防锈蚀和磨损，如图 2.1.4 所示。

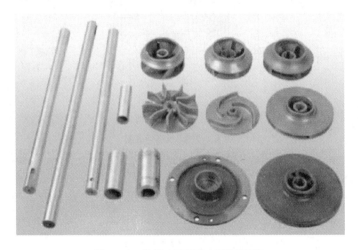

图 2.1.4　铸铁水泵叶轮、泵轴及配件

泵轴是用来带动叶轮旋转的，它将电动机的能量传递给叶轮。泵轴应有足够的抗扭强度和刚度，所以常用碳素钢或不锈钢材料制成。为了防止轴的磨损和腐蚀，在轴上装有轴套，轴套磨损锈蚀后可以更换。泵轴与叶轮用键连接。轴承用来支承泵轴，以便于泵轴旋转，轴承装在轴承座（图 2.1.5）内作为转动体的支撑件。常用的轴承有滚动轴承和滑动轴承两类，依荷载大小滚动轴承可分为滚珠轴承和滚柱轴承，其结构基本相同，一般荷载大的采用后者。依荷载特性滚动轴承又分为只承受径向荷载的径向式轴承、只承受轴向荷载的止推轴承（图 2.1.6）以及同时承受径向和轴向荷载的径向止推轴承。

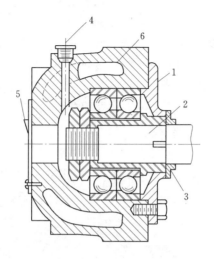

图 2.1.5　轴承座构造图

1—双列滚珠轴承；2—泵轴；3—阻漏油橡皮；
4—油杯孔；5—封板；6—冷却水套

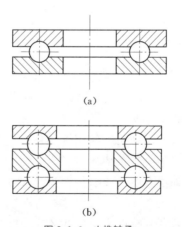

（a）

（b）

图 2.1.6　止推轴承

（a）单排滚珠止推轴承；（b）双排滚珠止推轴承

3. 联轴器

联轴器是用来联结水泵轴和电机轴的部件，又称靠背轮，有刚性和挠性两种。刚性联轴器实际上就是两个圆法兰盘用螺栓连接，它对泵轴与电机轴的不同心无调节余地，当泵轴与电机轴偏心时，可能会加剧机组的振动，如图 2.1.7 所示的 ZML 膜片及联轴器。挠性联轴器是用带有橡胶圈的钢柱销联结，如图 2.1.8 所示，它能在一定范围内调节水泵轴与电机轴的不同心度，从而减小转动时因机轴少量偏心而引起的轴周期性弯曲应力和振动。运行中要检查挠性联轴器橡胶圈的完好情况，以免发生由于弹性橡胶圈磨损后未能及时换上，致使钢柱销与圆盘孔直接发生摩擦，把孔磨成椭圆或失圆的情况。挠性联轴器常用于中、小型水泵中。

图 2.1.7　ZML 膜片及联轴器

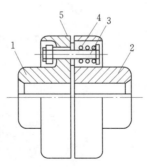

图 2.1.8　挠性联轴器

1—泵侧联轴器；2—电机侧联轴器；3—柱销；

4—弹性圈；5—挡圈

2.2 固定部分

1. 泵壳（蜗壳状）

泵壳由泵盖和壳体组成。

泵盖为渐缩的锥形管，锥度一般为 $7°\sim18°$，使吸水管路中的液体以最小损失均匀进入叶轮。

壳体为泵的压出室，由蜗室和扩散管组成，扩散管扩散角为 $8°\sim12°$，汇集叶轮处高速流出的液体，导向水泵出口，使流速水头的一部分转化为压力水头。

泵壳材料耐腐蚀、耐磨损，具有一定的机械强度（做耐压容器）。

泵壳顶设有充水和放气的螺孔——水泵启动前充水及放走空气，在泵吸水和压水锥管的法兰上，设有安装真空表和压力表的测压螺孔，泵壳底部设有放水孔，在泵停车检修时放空积水。

2. 泵座

（1）功能。支承整个泵体。

（2）泵座上有与底板或基础固定用的法兰孔。泵体用螺栓固定于底板上，而底板用地脚螺栓固定于基础上。泵座横向槽底开设有泄水螺孔，以随时排走由填料盒内流出的渗漏水滴。

注：以上螺孔在泵运行中暂时不用时可用带螺纹的丝堵拴紧。

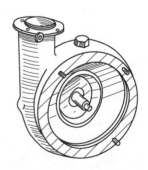

图 2.2.1 单级单吸离心泵的泵壳与泵座

图 2.2.1 所示为单级单吸离心泵的泵壳与泵座，图 2.2.2 所示为双吸离心泵的泵壳与泵座。

图 2.2.2　双吸离心泵的泵壳与泵座

2.3　防漏密封部分

1. 轴封装置

泵轴伸出泵体外，在旋转的泵轴和固定的泵体之间存在间隙。为保证水泵的正常工作或提高水泵的效率，必须在此处设置轴封装置。轴封装置的型式有多种，如机械式迷宫型、填料压盖型。水泵行业常采用填料压盖型的填料盒。填料盒由 5 个零件组成，即轴封套、填料、水封环、水封管、压盖（包括调整螺母），装配示意如图 2.3.1 所示。填料俗称盘根，它是阻水或阻气的主要零件。

（1）功能。防止泵轴和泵壳之间漏水与进气。

（2）填料密封。

1）组成。轴封套、填料（盘根）、水封管、水封环、压盖。

2）填料材料。浸油、浸石墨的石棉绳或碳素纤维、不锈钢纤维及合成树脂纤维编织成的填料等。为提高密封效果，填料绳一般做成矩形断面。

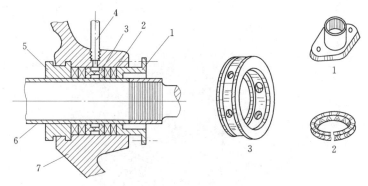

图 2.3.1　填料盒组装示意图

1—压盖；2—填料；3—水封环；4—水封管；

5—轴封套；6—衬套；7—泵壳

3）压盖压紧程度判断。水封管内的水能够通过填料缝隙呈滴状渗出为宜。

4）泵壳内的压力水由水封管经水封环小孔流入轴与填料间的隙面，起引水冷却与润滑作用。

为了提高密封效果，填料一般做成矩形断面。水封环为一金属圆环，外形如图 2.3.1 所示。水封水通过水封管进入水封环，经小孔沿轴表面均匀布水，这是一股压力水，其作用为：①作为填料的辅助密封介质；②对填料盒和轴进行冷却；③对填料盒与泵轴组成的运动部件进行润滑。

填料的压紧程度是通过作用于压盖上的调节螺母实现的。压盖压得太松，达不到密封效果；压得太紧，泵轴与填料的机械磨损、机械损失也增大；压得过紧，可能造成"抱轴"现象，产生严重的发热与磨损。松紧程度以 30～60 水滴/min 流出为宜。泵运行时，要注意检查轴封装置的滴水情况并进行调整，当填料失效后应进行更换。

2. 减漏环

其功能是减少泵壳内高压水向吸水口的回流量，承受叶轮与泵壳的磨损。

水泵叶轮进口外缘与泵壳内缘之间留有一间隙，如果间隙过小，将会使机械磨损过大，出水侧的高压水流会经过此间隙大量地回流到吸水口一侧，使水泵出水量减小，效率降低。为了使间隙尽可能的小，又能在磨损后便于处理，一般是在泵壳上镶装一个铸铁减漏环。当减漏环磨损到漏水量太大时可以更换。

　　如图 2.3.2 所示，这个缝隙是高低压流体的交界面，而且是具有相对运动的部位，很容易发生泄漏，降低水泵的工作效率，为了减小回流量，一般要求环形进口与泵壳之间的缝隙控制在 1.5～2.0mm 为宜。由于加工安装以及轴向力等因素的影响，在接缝间隙处很容易发生叶轮和泵壳之间的摩擦现象，从而引起叶轮和泵盖的损坏，因此，通常在间隙处的泵壳内安装一道金属环，或在叶轮和泵壳内各安装一道金属环，这种环具有减少漏损和防止磨损的作用，称为减漏环或承磨环。减漏环磨损到漏损量太大时，必须更换。减漏环一般用铸铁或青铜制成，如图 2.3.3 所示，亦俗称"口环"。

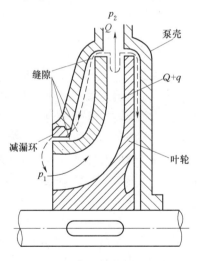

图 2.3.2　减漏装置

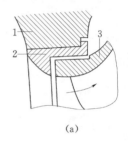
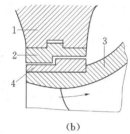
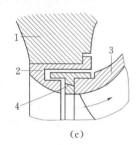

(a)   (b)   (c)

图 2.3.3　减漏环外形与结构示意图

1—泵壳；2—镶在泵壳上的减漏环；3—叶轮；4—镶在叶轮上的减漏环

2.4　其他零件

1. 轴承座

（1）功能。支承泵轴。

（2）轴承的作用。轴承装于轴承座内，用以支承水泵的转动部分，同时又有利于泵轴旋转并承受轴向推力。离心泵使用的轴承有滚动轴承和滑动轴承两种，如图 2.4.1 和图 2.4.2 所示。单级单吸离心泵通常采用单列向心球轴承（滚动轴承）。

（3）常用轴承材料。青铜或铸铁制造的金属滑动轴承用油润滑；橡胶、合成树脂、石墨等制成的滑动轴承用水润滑。

2. 轴向力平衡措施

单吸离心泵或某些多级泵的叶轮有轴向推力存在，产生轴向推力的原因是作用在叶轮两侧的流体压力不平衡造成的。图 2.4.3 表明了作用于单级单吸泵叶轮两侧的压强分布情况。当叶

图 2.4.1　滚动轴承

图 2.4.2　滑动轴承

轮旋转时，叶轮进水侧上部压强高、下部压强低，而叶轮背面全部受到高压的作用，叶轮前后两侧形成压强差 ΔP 而产生轴向推力。如果不消除轴向推力，将产生由于泵轴及叶轮的窜动及受力引起的相应研磨，导致损伤部件。

　　如图 2.4.4 所示，单级单吸离心泵一般在叶轮的后盖板上钻开"平衡孔"，并在后盖板上加装减漏环，减漏环与前盖板上的减漏环直径相等，高压水流经在此增设的减漏环后压强降低，再经过平衡孔流回叶轮中去，使叶轮后盖板上的压力与前盖板接近，这样就消除了轴向推力。这种方法简单易行，但叶轮流道中的水流受到平衡孔回流水的冲击，水力条件变差，效率降低。双吸泵由于双侧进水，轴向力平衡抵消，故不需要轴向力平衡装置。

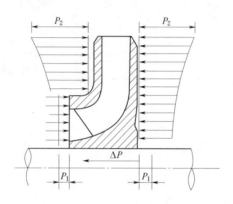

图 2.4.3　叶轮轴向受力图

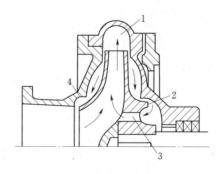

图 2.4.4　轴向力平衡措施

1—排出压力；2—加装的减漏环；3—平衡孔；4—泵壳上的减漏环

离心泵的基本构造及其部件小结内容见表 2.4.1。

表 2.4.1　　　　　　离心泵的基本构造及其各部件小结

名称	作用	材料	尺寸确定原则	形式	特点及要求
叶轮	吸水抛水，传递能量	铸铁、青铜	水力计算，动量矩定理，模型试验等	圆盘形	耐磨，耐腐蚀，流槽平滑过水条件好
泵轴	驱动叶轮工作	碳素钢、不锈钢	抗扭抗弯强度，刚度	轴状	轴状止水
泵壳	汇水出水，使水有规律流动	铸铁	过水部分水力条件	蜗壳形	蜗壳体内要求光滑，密封水力条件好
泵座	固定上述部件	铸铁	泵体稳定性及安装要求		底部有放水孔，要有较大的底脚螺栓孔
填料盒	止漏	浸油石墨、棉绳，碳素纤维等	水在狭缝处呈滴状	盒状	压盖松紧度适宜

第3章　离心泵的工作原理、分类与性能参数

3.1　离心力的产生

在雨天，旋转雨伞，水滴沿伞边切线方向飞出，旋转的雨伞给水滴以能量，旋转的离心力把雨滴甩走，如图3.1.1（a）所示。

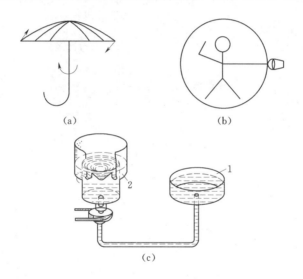

图 3.1.1　离心力的产生
1—静水面；2—量筒旋转凹面

在垂直平面上旋转一个小桶，旋转的离心力给水以能量，把水甩走，如图3.1.1（b）所示。

敞口圆筒绕中心轴作等角速度旋转时，圆筒内的水面呈抛物线上升的旋转凹面，圆筒半径越大、转得越快时，液体沿圆筒壁上升的高度越大，如图3.1.1（c）所示。

3.2　离心泵的工作原理

1. 压水过程

叶轮中心处的液体，在离心力的作用下，迅速甩向叶轮四周，在这一过程中，液体质点相互碰撞，甩出叶轮后，又与蜗壳形泵壳碰撞，因此，使液体的动能减小，压能增大。液体进入泵壳流道后，由于流道断面由小变大，液体流速继续减小，直至水泵出口时，流速降到最低值，液体的压能则达到最大值。液体就是借助此压力沿着水管上升到水池的。

2. 吸水过程

(1) 吸水现象。例如：吸饮料时，将吸管插入瓶中，首先将管内和口腔中的空气吸走，使口腔中的气压低于饮料瓶中的水面气压，在此压力差的作用下，饮料才能源源不断地进入口中。水泵吸水，就是根据这一原理，在水泵进口处形成负压（低于吸水池液面上的压力），进水池的水才能不断地进入水泵。

(2) 水泵进口处的负压形成方法。水泵启动前，将吸水管道和泵壳内注满水，随即启动水泵，叶轮进口处的液体在离心力的作用下，刹那间被甩出叶轮，当进水池的水还来不及补充时，在水泵进口处便形成局部真空（负压），此时，进水池的水面仍作用着一个大气压，于是水池的水面和水泵的进口处就形成一个压力差，进水池的水就是在此压力差的作用下源源不断地沿着吸水管进入水泵的。

3. 离心泵工作过程

(1) 水在大气压力作用下进入叶轮。

(2) 叶轮在泵轴驱动下高速旋转。

(3) 水在离心力作用下被甩入泵壳（完成能量交换）。

(4) 泵壳约束水流进入水泵出水管。

3.3 离心泵的分类

1. 按叶轮进水方式分

（1）单吸泵。单面吸水，前后盖板不对称，小流量。

（2）双吸泵。两面吸水，前后盖板对称，较大流量。

2. 按叶轮数量分

（1）单级泵。一根泵轴上只有一个叶轮。

（2）多级泵。一根泵轴上串若干个叶轮。

3. 按泵轴安装方式分

（1）卧式泵。泵轴与地面平行。

（2）立式泵。泵轴与地面垂直。

（3）斜式泵。泵轴与地面成夹角。

4. 按工作压力分

（1）低压泵。$P < 100 \, mH_2O$。

（2）中压泵。$650 \, mH_2O > P > 100 \, mH_2O$。

（3）高压泵。$P > 650 \, mH_2O$。

3.4 离心泵的性能参数

1. 流量（抽水量）Q

水泵在单位时间内输出液体的数量，以符号 Q 表示，体积流量单位为 L/s、m^3/h 或 m^3/s。重量流量单位为 t/h。

水泵铭牌上标出的流量是这台泵的设计流量，又称额定流量。泵在该流量下运行效率最高。若偏离这个流量运行，效率就会降低，为节约能源，节省提水的成本，应力争使水泵在设计流量下运行。

2. 扬程（水头）H

泵对单位重量（$1kg$）液体所做的功，也即单位重量液体通过水泵后其能量的增值，即水从泵进口到泵出口所增加的能量，用 H 表示，单位 $kg \cdot m/kg = mH_2O$。

水泵铭牌上标出的扬程是这台泵的设计扬程，即相应于通过设计流量时的扬程，也称额定扬程。泵的设计扬程在第 4 章描述。

3. 功率 N

功率主要有以下两种。

（1）有效功率。有效功率是指在单位时间内通过泵的全部流体获得的总能量。这部分功率完全传递给通过泵的流体，以符号 N_e 表示，它等于流量和扬程的乘积，常用的单位是 kW，可按下式计算：

$$N_e = \gamma Q H \quad (\text{kW})$$

式中　γ——通过泵的流体容重，kN/m^3，水取 $9.8kN/m^3$；

　　　Q——水泵的流量，m^3/s；

　　　H——水泵的扬程，m。

（2）轴功率。轴功率又称为输入功率，即泵轴得自原动机所传递来的功率，以 N 表示。原动机为电力施动时，轴功率单位用 kW 表示。泵不可能将原动机输入的功率完全传递给流体，还有一部分功率被损耗掉了，这些损耗包括：

1）转动时，由于摩擦产生的机械损失。

2）克服流动阻力产生的水力损失。

3）由于泄漏产生的容积损失等。

水泵铭牌上的轴功率是指通过设计流量时的轴功率，又称额定功率。

4. 效率 η

泵的效率为泵的有效功率与轴功率的比值，用 η 表示。是标志水泵性能优劣的一项重要技术经济指标。

效率反映了泵或风机将轴功率 N 转化为有效功率 N_e 的程度，有效功率 N_e 与轴功率 N 的比值称为效率 η，用％表示，即

$$\eta = \frac{N_e}{N} \times 100\%$$

$$N = \frac{N_e}{\eta} = \frac{\gamma QH}{\eta}$$

水泵的耗电量：

$$W = \frac{\gamma QH}{\eta} t \quad (kW \cdot h)$$

水泵铭牌上的效率是对应于通过设计流量时的效率，该效率为泵的最高效率。泵的效率越高，表示泵工作时能耗损失越小。

5. 转速 n

泵叶轮的转动速度，通常以每分钟转动的次数来表示。以字母 n 表示，常用单位 r/min。

水泵铭牌上的转速是这台泵的设计转速，又称额定转速。一般口径小的泵转速高，口径大的泵转速低。转速是影响水泵性能的一个重要参数，转速变化时，水泵的其他 5 个性能参数也相应地按一定规律变化。

6. 允许吸上真空高度和汽蚀余量

（1）允许吸上真空高度 H_s。泵在标准状态下（水温 20℃，表面压力为一个标准大气压 101.325kPa）运转时，泵所允许的最大的吸上真空高度，常用它来反映离心泵的吸水性能，即水泵吸入口处的最大真空值。

实际 H_s 是水泵吸入口处（一般指真空表连接处）所允许的最大吸上真空高度。单位为 mH_2O。水泵样本中提供了 H_s 值，是水泵生产厂按国家规定通过汽蚀试验得到的，它反映了离心泵的吸水能力。H_s 越大说明水泵的抗汽蚀性能越好。

（2）汽蚀余量 H_{sv}。泵进口处，单位重量液体所具有的超过饱和蒸汽压力（液体汽化的压力）的富余能量。铭牌上最大允许吸上真空高度是真空表读数 H_v 的极限值。在实际应用中，泵的 H_v 超过样本规定的 H_s 值，就意味着泵将会遭受汽蚀。

说明：①汽蚀余量是恒量水泵抗汽蚀性能的一个指标，水泵的汽蚀余量越小，说明水泵抗汽蚀的性能越好；②Q、H 是基本要素，是选择水泵的主要依据。

3.5 叶片泵的比转数

1. 比转数

比转数是一个综合特征数，它包含了叶片泵在设计工况下的主要性能参数（Q、H、n 等）。它虽有因次，但不是泵与风机的实际转速，只是一个相似准则数，因而其单位无实际含义，常略去不写。

$$n_s = 3.65 \frac{n\sqrt{Q}}{H^{3/4}}$$

应用公式时应注意：

（1）单位一律采用国际单位。

（2）双吸泵 $Q/2$，多级泵 H/P，P 为级数。

（3）比转数与各量的关系。

（4）相似泵的比转数相等。

2. 比转数的意义

比转数实质上是相似律的一个特例，其意义在于：

（1）比转数反映了某相似系列泵或风机的性能参数方面的特点。比转数大表明了流量大而扬程小；比转数小则表明流量小而扬程大。

（2）比转数反映了某相似系列泵或风机在构造方面的特点。比转数大则由于流量大而扬程小，所以叶轮进口直径 D_1 与出口宽度 b_2 较大，而叶轮直径 D_2 较小，因此叶轮的形状是厚而小。随着比转数的减小叶轮形状将由厚而小变得扁而大，叶轮结构由轴流式向离心式变化，如图 3.5.1 所示。

（3）比转数可以反映性能曲线的变化趋势。如图 3.5.1 所示，比转数越小，则 $Q\text{-}H$ 曲线越平坦，$Q\text{-}N$ 曲线上升较快，$Q\text{-}\eta$ 曲线变化越小；比转数越大，则 $Q\text{-}H$ 曲线下降较快，$Q\text{-}N$ 曲线变化较缓慢，$Q\text{-}\eta$ 曲线变化越大。

泵的类型	离 心 泵			混流泵	轴流泵
	低比转数	中比转数	高比转数		
比转数	30～80	80～150	150～300	300～500	500～1000
叶轮形状	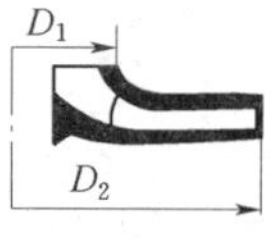	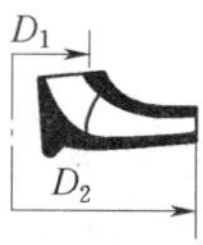	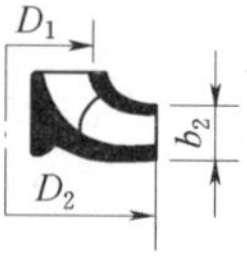		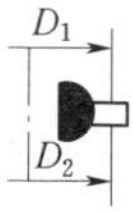
D_1/D_1	≈3	≈2.3	≈1.8～1.4	≈1.2～1.1	≈1
叶片形状	圆柱形	入口处扭曲 出口处圆柱形	扭曲	扭曲	机翼形
性能曲线 大致的形状	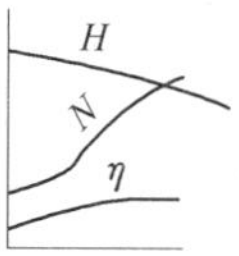	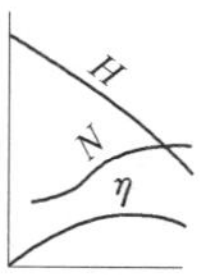	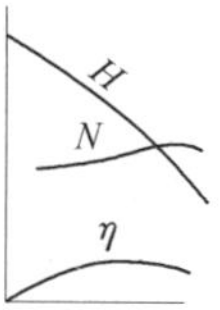	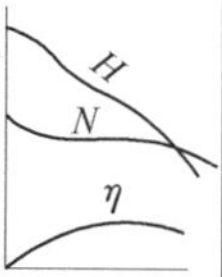	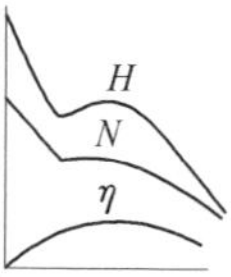

图 3.5.1　泵的比转数、叶轮形状和性能曲线形状

3.6　水泵的汽蚀及其危害

汽蚀是泵和其他水力机械特有的现象，而且是一种十分有害的现象，是泵在设计、制造、安装和使用中需要解决的一个重要问题。

1. 水泵的汽蚀

水泵运转过程中，当过流部分的局部区域（通常是叶轮入口的叶背处）的绝对压强小于输送液体相应温度下的饱和蒸汽压力时，即降低了汽化温度时，液体大量汽化，同时液体中的溶解气体也会大量逸出。气泡在移动过程中是被液体包围的，必然生成大量气泡。气泡随液体进入叶轮的高压区时，由于压力的升高，气泡产生凝结和受到压缩，急剧缩小以致破裂，形成"空穴"。液流由于惯性以高速冲向空穴中心，在气泡闭合区产生强烈的局部水击，瞬间压力可达几十兆帕，同时能听到气泡被压裂的炸裂噪声。实验证实，这种水击多发生在叶片进口壁面，甚至在窝壳

表面，其频率可达 2 万～3 万 Hz。高频的冲击压力作用于金属叶面，时间一长就会使金属叶面产生疲劳损伤，表面出现蜂窝状缺陷。蜂窝的出现又导致应力集中，形成应力腐蚀，再加上水和蜂窝表面间歇接触的电化学腐蚀，最终使叶轮出现裂缝，甚至断裂。水泵叶轮进口端产生的这种现象，称为水泵汽蚀。

2. 水泵汽蚀的危害

（1）打击过流部件，产生振动和噪音。

（2）腐蚀损坏过流部件，甚至抽不上水。

（3）能耗增大，扬程降低，效率下降。

3. 预防汽蚀的方法

正确决定泵吸入口的压强（或真空度），是控制泵运行时不发生汽蚀从而保证其正常工作的关键，它的数值与泵的吸水管路系统及吸液池液面压强等因素密切相关。在运行中需要控制离心泵机组的安装高度，即进水池液面距离水泵叶轮的距离，水位变化较大的取水点应特别注意安装高度的变化，以免取不到水。

为避免发生汽蚀现象，泵的安装高度不能太高，但太低又不经济。所谓的正确安装高度，是指水泵在运行中不产生汽蚀情况下的最大安装高度，如图 3.6.1 所示。

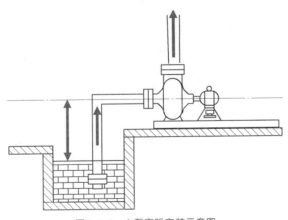

图 3.6.1　水泵实际安装示意图

泵制造厂只能给出 H_S 值，而不能直接给出最大安装高度 H_s 值。因为每台泵使用条件不同，吸入管路的布置情况也各异，有不同的 $u^2/2g$ 和 $\sum H_f$ 值，所以，只能由使用单位根据吸入管路具体的布置情况，由计算确定 H_{ss}。

第4章 离心泵的性能曲线与工况调节

4.1 离心泵的性能曲线

离心泵的性能曲线即特性曲线（characteristic curves），指在固定的转速下，离心泵的基本性能参数（流量、扬程、功率和效率）之间的关系曲线。

特性曲线是在固定转速下测出的，只适用于该转速，故特性曲线图上都注明转速 n 的数值（图 4.1.1）。

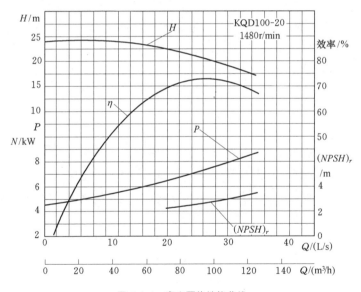

图 4.1.1　离心泵的性能曲线

离心泵性能曲线是根据泵的设计意图与实际试验作出的，通常用笛卡尔第一坐标系绘制而成。其横坐标表示泵的流量，纵坐标表示泵的扬程，特定离心泵的流量与扬程曲线是条向下弯的曲线，表示泵扬程减小而其流量增加。在这个坐标中，还有一个功率曲线，是一根向上的曲线，表示泵的功率随着流量增加而增加，随扬程减小而下降。还有一个效率曲线，是一根中间高、两边低的曲线，说明其效率中间部分最高，两边部分下降。因此，我们选择泵的时候，要使泵的流量与扬程落在效率曲线最高点的附近。下面主要介绍 H-Q 曲线、N-Q 曲线和 η-Q 曲线。

1. H-Q 曲线

变化趋势：离心泵的压头在较大流量范围内是随流量增大而减小的；不同型号的离心泵，H-Q 曲线的形状有所不同。

较平坦的曲线适用于扬程变化不大而流量变化较大的场合。

较陡峭的曲线适用于扬程变化范围大而不允许流量变化太大的场合。

2. N-Q 曲线

变化趋势：N-Q 曲线表示泵的流量 Q 和轴功率 N 的关系，N 随 Q 的增大而增大。显然，当 $Q=0$ 时，泵轴消耗的功率最小。启动离心泵时，为了减小启动功率，应将出口阀关闭。

3. η-Q 曲线

变化趋势：开始 η 随 Q 的增大而增大，达到最大值后，又随 Q 的增大而下降。

η-Q 曲线最大值相当于效率最高点。泵在该点所对应的扬程和流量下操作，其效率最高，故该点为离心泵的设计点。

图 4.1.2 为 IS65-40-200 型单级单吸离心泵的在不同转速下的性能曲线。

泵的高效率区：泵在最高效率点条件下操作最为经济合理，但实际上泵往往不可能正好在该条件下运转，一般只能规定一个工作范围，称为泵的高效率区。高效率区的效率应不低于最高效率的 92% 左右。

强调：泵在铭牌上所标明的都是最高效率点下的流量，扬程和功率。离心泵产品目录和说明书上还常常注明最高效率区的流量、扬程和功率的范围等。

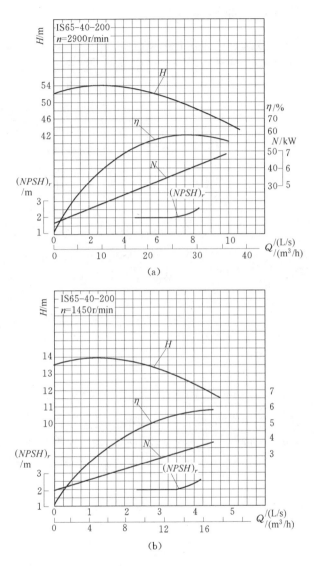

图 4.1.2　IS65－40－200 型单级单吸离心泵的性能曲线

(a) $n=2900\text{r/min}$；(b) $n=1450\text{r/min}$

4.2 管路性能曲线和工作点

当离心泵安装在一定的管路系统中工作时，其扬程和流量不仅与离心泵本身的特性有关，而且还取决于管路的工作特性。

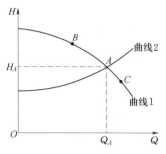

图 4.2.1 泵的工作点
曲线 1—泵的性能曲线；
曲线 2—管路特性曲线

在特定管路中输送液体时，所需扬程 H 随液体流量 Q 平方的变化而变化，此关系所描绘的 H-Q 曲线，称为管路特性曲线。它表示在特定的管路中，扬程随流量的变化关系。

离心泵的特性曲线 H-Q 与其所在管路的特性曲线 H_e-Q_e 的交点 A 称为泵在该管路的工作点，如图 4.2.1 所示。

工作点所对应的流量 Q 与扬程 H 既是管路系统所要求的，又是离心泵所能提供的，若工作点所对应效率是在最高效率区，则该工作点是适宜的。

4.3 离心泵的联合运行

在实际工作中，当单台离心泵不能满足输送任务的要求或者为适应生产大幅度变化而动用备用泵时，都会遇到泵的并联与串联使用问题。这里仅讨论两台性能相同泵的并联与串联的操作情况。

实际工程中为增加系统中的流量或压头，有时需要将两台或者多台泵并联或者串联在同一管路系统中联合运行。多台泵联合运行，通过联络管共同向管网输水，称为泵的并联运行；如果第一台泵的压出管为第二台泵的吸入管，水由第一台泵压入第二台泵，水以同一流量依次通过各泵，称为泵的串联运行。

1. 并联工作

并联工作的特点是各台设备扬程相同，而总流量等于各台设备流量之和。图 4.3.1 中（a）和（b）分别是两台泵并联工作示意图。

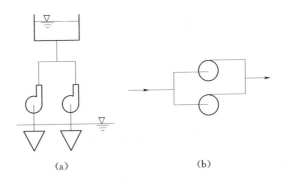

（a）　　　　　　　　　　（b）

图 4.3.1　并联工作

并联工作一般应用于以下场合：

（1）用户需要的流量大，而大流量的泵制造困难或造价太高。

（2）用户对流量的需求变化幅度较大，通过改变设备运行台数来调节流量更经济合理。

（3）用户有可靠性要求，当一台设备出现事故时仍要保证供水，作为检修和事故备用。

多台相同型号泵并联工作时，工况分析如图 4.3.2 所示。Ⅰ是单机的性能曲线，Ⅱ是两台设备并联时的性能曲线，Ⅲ是 3台设备并联时的性能曲线，Ⅳ是管路的特性曲线。A、B、C 分别是单机、两台并联及 3 台并联时的工况点。由图可知，随着并联台数的增加，每并联一台泵所得

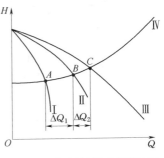

图 4.3.2　多台相同设备并联工作

到的流量增量随之减小。因此并联机组的单机台数不宜过多，否则起不到明显的并联效果。

2. 串联工作

串联工作的特点是各台设备流量相同，而总扬程或总压头等于各台设备扬程或压头之和。串联工作的目的主要是为了增加扬程或压头。在运行过程中，当实际需要的扬程或压头较大时，用一台泵产生的压头不能满足运行的要求时，可再装一台泵与原来的泵串联工作。

串联工作一般应用于以下场合：

（1）用户需要的压头大，而大压头的泵制造困难或造价太高。

（2）改建或扩建系统时，管路阻力加大，而需要增大压头。

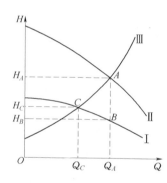

图 4.3.3 串联机组的工况分析

相同性能的两台泵串联工作时，工况分析如图 4.3.3 所示。图中Ⅰ为单机性能曲线，据等流量下扬程相加的原理，得到串联运行泵的性能曲线Ⅱ，作管路性能曲线Ⅲ与曲线Ⅱ交于 A 点，A 点就是串联工作的工况点，流量为 Q_A，扬程为 H_A。

由 A 点作垂线与单机性能曲线Ⅰ交与 B 点，B 点就是串联机组中单机的工作点。

管路特性曲线Ⅲ与单机性能曲线Ⅰ的交点 C 是只开一台设备时的工作点。C 点所对应的扬程 H_C 是只开一台设备时的扬程。从图看出 $H_A > H_C$，但 $H_A < 2H_C$，说明两台相同型号泵串联后压头并没有增加一倍。

4.4 离心泵的工况调节

工况点是由泵的性能曲线与管路特性曲线的交点决定的，其中之一发生变化时，工况点就会改变。所以工况调节的基本途径如下：

（1）改变管道系统特性，如减少水头损失、变水位、节流等。

（2）改变水泵的扬程性能曲线，如变速、变径、变角、摘叶等。

1. 节流调节

节流调节就是通过调节安装在泵压出管上的闸阀、蝶阀等节流装置来改变管道中的流量以调节泵的工况。

压出管上阀门节流，如图4.3.4所示。曲线Ⅰ是未调节的管路特性曲线，当阀门关小，阻力增大，管道系统特性曲线就变为Ⅱ。工作点由 A 移至 B，相应的流量由 Q_A 减至 Q_B。同时由于阀门的关小，额外地增加了水头损失，相应多消耗了轴功率。

可见，节流调节在流量减小的同时却额外增加了水力损失，导致轴功率增加，是不经济的。这种方法常用于频繁的、临时性的调节。

优点：调节流量，简便易行，可连续变化。

缺点：关小阀门时增大了流动阻力，额外消耗了部分能量，经济上不合理。

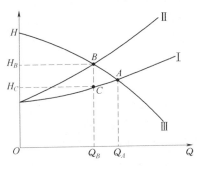

图4.3.4 阀门调节的工况分析

2. 变速调节

变速调节就是在管路特性曲线不变的情况下，用改变转速的方法来改变泵的性能曲线，从而达到改变泵的运行工况，即改变工作点的目的。

转速改变时泵的性能参数变化如下：

$$\frac{Q}{Q'} = \frac{n}{n'}$$

$$\frac{H}{H'} = \left(\frac{n}{n'}\right)^2$$

$$\frac{N}{N'} = \left(\frac{n}{n'}\right)^3$$

通常可以用如下方法来改变泵的转速。

（1）改变电机转速。用异步电动机驱动的泵可以在电机的转子电路中串接变阻器来改变电机的转数，这种方法的缺点是必须增加附属设备，且在变速时要增加额外的电能消耗，变速范围不大。还可以采用可变定子磁极对数的电机，但这种电机较贵，而且调速是跳跃式的，调速范围也有所限制。此外，采用可控硅调压可以实现电机多极调速。变频调速是目前最常用的方法，它通过改变电机输入电源的频率来改变电机的转数，实现无级调速，该法调速范围宽、效率高且变频装置体积小。缺点是调速系统（包括变频电源、参数测试设备、参数发送与接收设备、数据处理设备等）价格较贵，检修和运行技术要求高，对电网产生某种程度的高频干扰等。

（2）改变皮带轮直径。改变泵或电机皮带轮的直径，即改变电机与泵的传动比，可以在一定范围内调节转速。这种方法的缺点是调速范围有限，并且要停机换轮。

（3）采用液力耦合器。所谓液力耦合器是指在电机和泵之间安装的通过液体来传递转矩的传动设备。改变设备中的进液量（如油）就可改变转矩，从而在电机转速恒定的情况下达到改变泵转速的目的。该法可实现无级调速，但因增加一套附属设备而成本较高。

在确定水泵调速范围时，应注意如下几点：

（1）调速水泵安全运行的前提是调速后的转速不能与其临界转速重合、接近或成倍数。

（2）水泵一般不轻易地调高转速。

（3）合理配置调速泵与定速泵台数的比例。

（4）水泵调速的合理范围应使调速泵与定速泵均能运行于各

自的高效段内。

3. 变角调节

变角是改变叶片的安装角度。对叶片可调的轴流泵,变角可改变泵性能曲线,以改变水泵装置的工况点,称为变角调节。

4. 变径调节

变径调节是将离心泵叶轮车削去一部分后,装好再运行,以改变水泵特性的一种调节方法,这种调节方法具有不可逆的特点。这也是离心泵所特有的调节方法。一般是水泵厂为了扩大离心泵的工作范围而进行的。

在一定车削量范围内,叶轮车削前后,Q、H、N 与叶轮直径之间的关系为

$$\frac{Q'}{Q} = \frac{D'_2}{D_2}$$

$$\frac{H'}{H} = \left(\frac{D'_2}{D_2}\right)^2$$

$$\frac{N'}{N} = \left(\frac{D'_2}{D_2}\right)^3$$

综上所述,采用什么方法来调节流量,除了各种调节方法的适用条件外,还关系到能耗问题。

(1) 改变阀门开度。方法简便,应用广泛。但关小阀门会使阻力加大,因而需要多消耗一部分能量以克服附加的阻力,该法是不经济的。

(2) 改变转速。可保持管路特性曲线不变,流量随转速下降而减小,动力消耗也相应降低,节能效果显著,但需要变速装置,难以做到流量连续调节。

(3) 改变叶轮直径。可改变泵的特性曲线,但可调节流量范围不大,且直径减小不当还会降低泵的效率。

在输送流体量不大的管路中,一般都用阀门来调节流量,只有在输液量很大的管路中才考虑使用调速的方法。

第5章 离心泵的型号与机组的选型配套

5.1 离心泵的铭牌

离心泵的品种和规格繁多，为便于技术上的应用和商业上的销售，对不同品种、规格的离心泵，按其基本结构、型式特征、主要尺寸和工作参数的不同，分别规定为各种型号。国产离心泵通常用汉语拼音表示泵的名称、型式及特征，用数字表示泵的主要尺寸和工作参数，见表5.1.1。

表5.1.1　离心泵型号举例

水泵种类		型号举例	型号说明	备注
离心泵	单级单吸离心泵	IS100-65-200	IS—单级单吸离心泵 100—吸入口直径，mm 65—排出口直径，mm 200—叶轮直径，mm	IS：国际标准
	单级双吸离心泵	S500-59A	S—单级双吸离心泵 500—吸入口直径，mm 59—水泵扬程，m A—第一次切削	
		20Sh-6B	20—吸入口直径，mm Sh—单级双吸离心泵 6—比转数的1/10 B—第二次切削	

除了型号，铭牌上还简明列出了该泵在设计转速下运转，效率最高时的数值，是设计工况下的参数值，它只是反映在特性曲线上效率最高的那个点的各参数值。以村镇供水行业常用的离心

式清水泵为例。

（1）型号：12Sh－28A。12——水泵吸水口直径（in），1in ＝2.54cm；Sh——单级双吸卧式离心泵；28——泵的比转数被10整除的整数，该泵比转数为280；A——该泵叶轮直径已切削小了一档。

（2）型号：IB50－32－125。IB——符合国际标准的单级单吸离心泵；50——泵进口直径为50mm；32——泵出口直径为32mm；125——叶轮名义直径为125mm。

（3）型号：250S－39。250——泵进口直径为250mm；S——单级双吸卧式离心泵；39——额定扬程为39m。

5.2 常用离心泵的型号、特点及使用范围

1. IS系列单级单吸式离心泵

IS型单级单吸离心泵是根据国际标准ISO 2858所规定的性能和尺寸设计的。

流量范围：6.3～400m^3/h。

扬程范围：5～125m。

特点：性能分布合理，标准化程度高，全系列共29个基本型。

适用范围：输送清水或物理性质类似于清水的其他液体，温度不高于80℃，适用于工业和城市给排水及农田灌溉。

型号意义：如IS80－65－160A，IS——单级单吸清水离心泵；80——吸入口直径（mm）；65——排出口直径（mm）；160——叶轮名义直径（mm）；A——该泵叶轮直径已切削小了一档。

IS型单级单吸离心泵性能参数见表5.2.1。

2. Sh（SA）系列单级双吸式离心泵

Sh（SA）系列单级双吸式离心泵是给排水工程中最常用的一种泵。

流量范围：90～20000m^3/h。

扬程范围：10～100m。

特点：泵的吸入口和压出口均在泵轴的下方，检修时只需松开泵盖接合面的螺母即可揭开泵盖，将全部零件拆下，不必移动电动机和管路，检修方便。最常用结构形式还有 SA（SLA）系列和 S 系列。

表 5. 2. 1　　　IS 型单级单吸离心泵性能参数表

| 型　　号 | 流量 Q | | 扬程 H /m | 转速 N /(r/min) | 功率/kW | | 效率 /% | 叶轮名义直径 /mm | 汽蚀余量 /m |
	m³/h	L/s			轴功率	电机功率			
IS50 - 32 - 125	7.5	2.08	22	2900	0.96	2.2	47	130	2.0
	12.5	3.47	20		1.13		60		2.0
	15	4.17	18.5		1.26		60		2.5
IS50 - 32 - 125A	11.2	3.1	16	2900	0.84	1.1	58	116	2.0
IS50 - 32 - 160	7.5	2.08	34.3	2900	1.59	3	44	158	2.0
	12.5	3.47	32		2.02		54		2.0
	15	4.17	9.6		2.16		56		2.5
IS50 - 32 - 160A	11.7	3.3	28	2900	1.71	2.2	53	148	2.0
IS50 - 32 - 160B	10.8	3	24	2900	1.41	2.2	50	137	2.0
IS50 - 32 - 200	7.5	2.08	52.5	2900	2.82	5.5	38	198	2.0
	12.5	3.47	50		3.54		48		2.0
	15	4.17	48		3.95		51		2.5
IS50 - 32 - 200A	11.7	3.3	44	2900	3.16	4	45	186	2.0
IS50 - 32 - 200B	10.8	3	38	2900	2.60	3	43	173	2.0
IS50 - 32 - 250	7.5	2.08	82	2900	5.87	11	28.5	250	2.0
	12.5	3.47	80		7.16		38		2.0
	15	4.17	78.5		7.83		41		2.5
IS50 - 32 - 250A	11.7	3.3	70	2900	6.47	7.5	35	234	2.0
IS50 - 32 - 250B	10.8	3	60	2900	5.51	7.5	32	217	2.0

型　号	流量 Q		扬程 H /m	转速 N /(r/min)	功率/kW		效率 /%	叶轮名义直径 /mm	汽蚀余量 /m
	m³/h	L/s			轴功率	电机功率			
IS65－50－125	15	4.17	21.8	2900	1.54	3	58	130	2.0
	25	6.94	20		1.97		69		2.5
	30	8.33	18.5		2.22		68		3.0
IS65－50－125A	22.4	6.2	16	2900	1.47	2.2	66	116	2.0
IS65－50－160	15	4.17	35	2900	2.65	5.5	54	165	2.0
	25	6.94	32		3.35		65		2.0
	30	8.33	30		3.71		66		2.5
IS65－50－160A	23.4	6.5	28	2900	2.83	4	63	154	2.0
IS65－50－160B	21.7	6	24	2900	2.35	4	60	143	2.0
IS65－40－200	15	4.17	53	2900	4.42	7.5	49	200	2.0
	25	6.94	50		5.67		60		2.0
	30	8.33	47		6.29		61		2.5
IS65－40－200A	23.4	6.5	44	2900	4.92	5.5	57	188	2.0
IS65－40－200B	21.8	6.1	38	2900	4.13	5.5	55	175	2.0
IS65－40－250	15	4.17	82	2900	9.05	15	37	254	2.0
	25	6.94	80		10.89		50		2.0
	30	8.33	78		12.02		53		2.5
IS65－40－250A	23.4	6.5	70	2900	9.10	11	49	238	2.0
IS65－40－250B	21.7	6	60	2900	7.51	11	47	220	2.0
IS65－40－315	15	4.17	127	2900	18.5	30	28	315	2.5
	25	6.94	125		21.3		40		2.5
	30	8.33	123		22.8		44		3.0
IS65－40－315A	23.9	6.6	114	2900	19.41	22	38	301	2.5
IS65－40－315B	22.7	6.3	103	2900	17.19	22	37	286	2.5

图 5.2.1 为单级双吸卧式离心泵，图 5.2.2 为 SLA 型立式双吸离心泵。

适用范围：输送不含固体颗粒及温度不超过 80℃的清水或物理、化学性质类似水的其他液体。适用于工厂、矿山、城市给排水，也可用于电站、大型水利工程、农田排灌等，图 5.2.3 为单级双吸卧式离心泵抽水机组实物图。

型号意义：以 6Sh - 9A 为例，6——水泵入口直径（in）（1in＝2.54cm）；Sh——单级双吸离心泵；9——泵的比转数除以 10 的整数；A——叶轮外径第一次切削。

S 系列：150S - 70A，150——水泵吸入口直径（mm）；S——单级双吸式离心泵；70——水泵扬程（m）；A——叶轮外径第一次切削。

SLA 型：SA 系列的泵轴变成立式安装，可使泵房平面面积减小，布置紧凑，但安装维修不便。

图 5.2.1　单级双吸卧式离心泵

图 5.2.2　SLA 型立式双吸离心泵

3. D（DA）系列分段多级式离心泵

流量范围：5～720m³/h。

扬程范围：100～650m。

特点：几个叶轮同时安装在一个泵轴上串联工作，泵的总扬程随叶轮级数的增加而增加。叶轮都是单吸式的，吸入口朝向一边。

图 5.2.3　单级双吸卧式离心泵抽水机组

适用范围：输送不含固体颗粒及温度不超过 80℃的清水或物理、化学性质类似水的其他液体。适合于工厂、矿山、城市给排水（见图 5.2.4）。

型号意义：以 D150 - 30×3 为例，D——单吸多级分段式；150——泵设计点流量（m³/h）；30——泵设计点单级扬程；3——泵的级数。

图 5.2.4　多级式离心泵

4. 管道泵

流量范围：2.5～25m³/h。

扬程范围：4～20m。

特点：体积小、重量轻，水泵进出口在同一直线上，可直接安装在管路上，不需设基础、不需吸水池，安装方便，占地小。常用类型有 G 型、ISG 型两种。

适用范围：G 型适宜输送温度低于 80℃、无腐蚀性的清水或物理、化学性质类似于清水的液体。该泵可直接安装在水平管道中，小型泵还可安装在垂直管道中，可多台泵串联或并联运行。常用于高层建筑给水。ISG 型适宜输送温度不超过 80℃ 的清水、石油产品及其他无腐蚀性液体，可用于城市给水、工业系统中途加压、暖通空调循环泵、家用热水循环泵。

图 5.2.5 为卧式管道离心泵机组外形图，图 5.2.6 为立式管道离心泵机组外形图。

图 5.2.5　ISW 型卧式管道
离心泵

图 5.2.6　ISG、IRG、IHG、YG
型立式管道离心泵

型号意义：G150 - 315A，G——管道泵；150——泵入口直径（mm）；315——泵叶轮直径（mm）；A——叶轮外径经第一次切削。

5. 不锈钢离心泵

不锈钢离心泵有立式和卧式，有单级也有多级。

流量范围、扬程范围因生产厂家不同而有所不同。

适用范围：输送直饮水。

型号意义：MHI1604，MHI——卧式不锈钢多级离心泵；

16——额定流量（m³/h）；04——叶轮级数。MVI9505，MVI——立式不锈钢多级离心泵；95——额定流量（m³/h）；05——叶轮级数。

6. JD（J）系列深井泵

流量范围：6.3～400m³/h。

扬程范围：5～125m。

适用范围：从深井中提取地下水的设备，供以地下水为水源的城市、工矿企业及农田灌溉。实质为立式单吸多级分段式离心泵。

型号意义：6JD-28×11，6——适用井径为6in及6in以上；JD——深井多级泵；28——额定流量（m³/h）；11——叶轮级数。

7. 潜水泵

潜水泵是一种水泵与电机一体、可浸没在水中运行的泵。潜水泵电机和水泵连在一起，不用长的传动轴，重量轻；电机与水泵完全浸没在水中工作，不需修建地面泵房；由于电机一般用水来润滑和冷却，维护费用小。所以潜水泵是我国目前发展前途较好的泵型。由于结构的改进、性能的完善（如中低扬程、大流量、高效率泵的出现），城市给水排水工程中的潜水泵应用越来越广泛。根据叶轮的构造，潜水泵可分为潜水离心泵、潜水轴流泵和潜水混流泵；按用途可分为潜水给水泵、潜水排水泵和潜水深井泵。图5.2.7为潜水泵。

潜水泵的主要特点如下：

（1）设置了足够的检漏、测温元件，利于水泵监控和保证安全运行。

（2）机电一体，简化了安装工序。如井筒悬挂式潜水泵，只需把水泵吊入竖井中，水泵会自行就位、找中，泵和基础间不需作任何机械固定，安装快速、方便。

（3）潜入水下运行，降低了环境噪声。

（4）潜入水下运行，泵站的地下及地面的土建工程大为简化，使土建工程造价大幅度降低。

（5）潜入水下运行，使水位涨落较大的沿江、湖泊兴建泵站的防洪问题变得非常简单。

适用范围：给水泵和排污泵。

潜水给水泵：500QG（W）2400-22-220，500——泵出口直径（mm）；QG（W）——潜水供水泵；W——蜗壳式泵，径向出水；2400——流量（m³/h）；22——扬程（m）；220——电机功率（kW）。

潜水排污泵：500QW600-15-160，500——排出口径（mm）；QW——潜水排污泵；600——流量（m³/h）；15——扬程（m）；160——电机功率（kW）。

图 5.2.7　潜水泵

5.3　离心泵的选型

1. 选泵原则

选择泵的一般原则是：保证泵系统的正常、经济运行，即所选择的泵不仅能满足管路系统流量、扬程的要求，而且能保证泵经常在高效段内稳定地运行，同时泵应具有合理的结构。

选择时应考虑以下几个具体原则。

（1）首选泵应满足生产上所需要的最大流量和扬程或压头的需要，并使其正常运行工况点尽可能靠近泵的设计点，从而保证泵长期在高效区运行，以提高设备长期运行的经济性。

（2）力求选择结构简单、体积小、重量轻及高转速的泵。

（3）所选泵应保证运行安全可靠，运转稳定性好。为此，所选泵应不具有驼峰状的性能曲线；如果选择有驼峰状性能曲线的泵，则应使其运行工况点处于峰点的右边，而且扬程或压头应低于零流量时的扬程或压头，以利于设备的并联运行。如在使用中流量的变化大而扬程或压头变化很小，则应该选择平坦的性能曲线；如果要求扬程或压头变化大而流量变化小，则应选择陡降形性能曲线。对于水泵，还应考虑其抗汽蚀性能要好。

（4）对于有特殊要求的泵，应尽可能满足其特殊要求。如安装地点受限时应考虑体积要小、进出口管路便于安装等。

（5）必须满足介质特性的要求。

1）对输送易燃、易爆、有毒或贵重介质的泵，要求轴封可靠或采用无泄漏泵，如磁力驱动泵、隔膜泵、屏蔽泵。

2）对输送腐蚀性介质的泵，要求对过流部件采用耐腐蚀性材料，如 AFB 不锈钢耐腐蚀泵、CQF 工程塑料磁力驱动泵。

3）对输送含固体颗粒介质的泵，要求对过流部件采用耐磨材料，必要时轴封应采用清洁液体冲洗。

（6）机械方面可靠性高、噪声低、振动小。

（7）经济上要综合考虑到设备费、运行费、维修费和管理费的总成本最低。

（8）离心泵具有转速高、体积小、重量轻、效率高、结构简单、输液无脉动、性能平稳、容易操作和维修方便等特点。

由于泵的用途和使用条件千变万化，而泵的种类繁多，正确选择泵以满足各种不同的工程使用要求是非常必要的。在选择泵时，首先应根据生产上的要求、所输送的流体的种类和性质以及泵的种类、用途，决定选择哪一类的泵，比如：输送一般清水时应选择清水离心泵，输送污水时应选择污水泵，输送泥浆时应选择泥浆泵，等等。选用的程序及注意事项概括如下。

（1）充分了解泵的用途、管路布置、地形条件、被输送流体状况、水位以及运输条件等原始资料。

（2）根据工程要求，合理确定最大流量与最高扬程。然后分别加 10%～20% 不可预计（如计算误差、漏耗等）的安全量作为选用泵的依据。

（3）根据已知条件选用适当的设备类型，制造厂给出的产品样本中通常都列有该类型泵的适用范围。应尽量选择系列化、标准化、通用化、性能优良的产品。

（4）泵类型确定以后，要根据已知的流量、扬程或压头选定具体设备型号，并应使工作点处在高效率区域。

（5）应当结合具体情况，考虑是否采用并联或串联工作方式，是否应有备用设备。

（6）确定泵型号时，同时还要确定其转速、原动机型号、功率、传动方式、皮带轮大小等。性能参数表上若附有所配用的电机型号和配用件型号，可以直接套用，若采用性能曲线图选择，图上只有轴功率曲线，需另选电机型号及传动配件。泵进出口方向应注意与管路系统相配合。对于泵，还应查明允许吸入口真空高度或必需汽蚀余量，并核算安装高度是否满足要求。

（7）应当注意，产品样本提供的数据是在规定条件下得出的。一般是在空气温度为 20℃、大气压为 101.325kPa 下进行实验得出的资料。

（8）确定泵的台数和备用率。对于正常运转的泵，一般只用一台，因为一台大泵与并联工作的两台小泵相当（指扬程、流量相同），大泵效率高于小泵，故从节能角度讲宁可选一台大泵，而不用两台小泵，但遇有下列情况时，可考虑两台泵并联合作。

1）流量很大，一台泵达不到此流量。

2）对于需要有 50% 备用率的大型泵，可改为两台较小的泵工作，一台备用（共 3 台）。

3）对于某些大型泵，可选用 70% 流量要求的泵并联操作，不用备用泵，一台泵检修时，另一台泵仍然能承担生产上 70% 的输送。

4) 对于需 24h 连续不停运转的泵，应有备用泵。

2. 选泵要点

（1）大小兼顾、调配灵活。在用水量和水压变化较大的情况下，选用性能不同的泵的台数越多，越能适应水量变化的要求，浪费的能量越少。为了节省动力费用，应根据管网用水量和相应水压变化情况合理地选择不同性能的泵，做到大小泵兼顾，在运行中可灵活调度，以求得到最经济的效果。

（2）型号整齐，互为备用。

1) 实际工程中水泵台数不能太多，否则工程投资很大，另外型号过多也不便于管理，因此一般不宜超过 3 种类型。

2) 实际工作中多采用多台同型号的泵并联工作以减少扬程浪费。而且水泵型号相同，可以互为备用，对零配件和易损件的储备、管道的制作和安装、设备的维护和管理都很方便。

3) 水泵台数增加，泵站投资费用也增加，一般水泵站并联台数不是特别多（5~7 台内）时，运行效率提高而节省的能耗足以抵偿多设置水泵的投资。

（3）水泵换轮运行。水泵换轮运行同样可以达到减少扬程浪费的目的。但更换叶轮需要停泵，操作不方便，宜于长期调节时使用。

（4）水泵调速运行。多台水泵并联工作时，可以采用调速泵和定速泵配合工作，达到节能和节省投资的最佳效果。

（5）合理利用各泵的高效段。

（6）近远期相结合。可考虑近期用小泵大基础的方法，近期发展采用换大轮运行，远期采用换大泵运行。

（7）大中型泵站需作选泵方案比较。

3. 选泵的步骤

（1）确定 Q、H。

（2）确定水泵型号（一种或几种）。

（3）确定水泵台数。

（4）分析水泵工作情况。

（5）选择备用泵。

（6）选泵后的校核：主要校核泵的流量和扬程。

5.4 离心泵抽水装置、阀门表计及泵站辅助设施

1. 离心泵抽水装置

采用离心式泵提升输送液体时，常配有管路及其他必要的附件。典型的离心泵管路附件装置如图 5.4.1 所示。

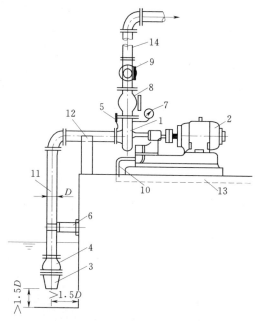

图 5.4.1 离心泵管路附件装置

1—离心式泵；2—电动机；3—拦污栅；4—底阀；

5—真空表；6—防振件；7—压力表；8—止回阀；

9—闸阀；10—排水管；11—吸水管；12—支座；

13—排水沟；14—压水管

从吸液池液面下方的底阀开始到泵的吸入口法兰为止，这段管段叫做吸水管段。底阀的作用是阻止水泵启动前灌水时漏水。泵的吸入口处装有真空计，以便观察吸入口处的真空值。吸水管水平段的阻力应尽可能降低，其上一般不设阀门。水平管段要向泵方向抬升（$i=0.02$），以便于排除空气。过长的吸水管段还要装设防振件。泵出口以外的管段是压水管段。压水管段装有压力表，以测量泵出口压强。止回阀用来防止压水管段中的液体倒流。闸阀用来调节流量的大小。此外，还应装设排水管，以便将填料盖处漏出的水引向排水沟。有时，出于防振的需要，在泵的出、入口处一般选用 K - ST 型可曲挠橡胶接头。另外，安装在供热、空调系统上的水泵还需在其出、入口装设温度计。

当两台或两台以上水泵的吸水管路彼此相连时，或当水泵处于自灌式灌水，即水泵的安装高程低于水池水面时，吸水管上应安装闸阀。

2. 计量设备

流量计，主要包括：电磁流量计、超声波流量计、插入式涡轮流量计、插入式涡街流量计、均速管流量计等。如图 5.4.2 所示为全自动变频恒压供水系统。

3. 引水设施

泵启动前的进水方式有吸入式和自灌式。自灌式水泵安装于进水水面以下，安装于进水水面上的吸入式机组在泵启动前需引水排气，主要有以下几种方式：

（1）吸水管带底阀。

1）人工引水。将水从泵顶的引水孔灌入泵内，同时打开排气阀，适用于临时性供水且小型泵的场合。

2）用压水管中的水倒灌引水。

（2）吸水管上不装底阀。

1）真空泵引水。采用水环式真空泵引水。

2）水射器引水。

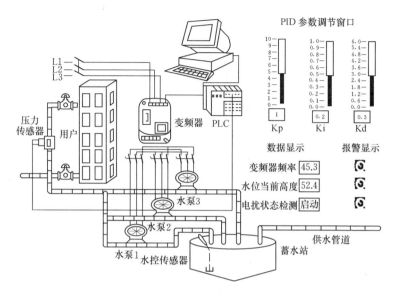

图 5.4.2　全自动变频恒压供水系统

4. 起重设备

（1）选择依据。满足机泵安装与维修需要，泵房中必须设置起重设备，它的服务对象主要为水泵、电机、阀门及管道，选择什么起重设备取决于这些对象的重量。

（2）布置要求。起重设备的布置主要是考虑起重机的设置高度和作业面两个问题。设置高度从泵房天花板至吊车最上部分应不小于 0.1m，从泵房的墙壁至吊车的突出部分应不小于 0.1m。

5. 排水设备

因水泵轴承冷却滴水、阀门和管道接口漏水、停泵拆修设备时放水或发生裂管事故等特殊情况下的大量泄水等原因，给水泵房内常须设置排水设备，以保持泵房环境整洁和安全运行，特别是电缆沟中不允许积水时。

泵房排水方式有自然排水和提升排水两种。自然排水适用于地面式泵房。地下泵房、半地下泵房或管沟低于室外渠，须用提升设备排除积水。小型泵房可采用水射器排水，大中型泵房可用排水泵排除积水，常用的有小型液下泵、立式或卧式离心泵以及潜水泵等。对于较重要的大型地下式泵房，为避免事故时大量泄水而淹没水泵及电机影响泵房运行，往往备用多台大型水泵作为事故排水用。

根据排水泵房的排水量大小，可采用不同的排水方式。排水量小时，采用排水泵与水射器并用。排水量大时，采用两种水泵并用。

排水泵一般均根据水位自动控制启停，为避免启停过于频繁，除选用流量合适的水泵外，还应设置一定容量的排水集水坑。渗漏排水自成系统时，排水泵水量可按 15～20min 排除集水井积水，并设一台备用泵。渗漏排水应按水位实现自动操作，检修排水可采用手动操作。采用集水井时，井的有效容积按 6～8h 的漏水量确定。

各种管沟、排水沟等均应与排水管相连通，并有 1‰ 以上坡度坡向集水坑，电缆沟应与排水集水坑相连以排除沟内积水，但连接必须设阀门等隔断措施，以免排水倒入电缆沟。排水泵的基础标高应不使积水时淹没水泵。

6. 通信

泵站内通信十分重要，一般是在值班室内安装电话机，供生产调度和通信之用。电话间应有隔音效果，以免干扰。

5.5 吸水管路与压水管路及其要求

1. 对吸水管的要求

（1）不漏气。漏气时吸不上水或出水量减少，采用钢管防止漏气，接口可焊接，埋于土下时涂沥青防腐层。

（2）不积气。积气易形成气囊，影响过水能力，严重时破坏真空吸水。为及时排气防止积气形成气囊，吸水管应有沿水流方向连续上升的坡度，一般大于 0.005，应使沿吸水管线的最高点在泵吸入口的顶端，吸水管断面一般大于泵吸入口的断面（减少水头损失），吸水管路上的变径管宜采用偏心渐缩管。

（3）不吸气。吸水管淹没深度不够时，进水口处水流产生涡流，吸水时带入大量空气，破坏泵正常吸水。应保证吸水口在最低水位下有足够的淹没深度，即 0.5～1.0m，此深度若不能满足则在管子末端装置水平隔板。

2. 吸水管有关设计规定

（1）吸水管路尽可能短，以减少沿程损失。

（2）为防止吸入井底沉渣，吸水管进口高于井底不小于 0.8D，D 为吸水管喇叭口扩大部分直径，通常为吸水管直径的 1.3～1.5 倍。

（3）吸水管喇叭口边缘距井壁不小于 (0.75～1.0)D。

（4）同一井中安装有几根吸水管时，吸水喇叭口之间距离不小于 (1.5～2.0)D。

（5）为减少吸水管进口处水头损失，吸水管进口通常做成喇叭口形式，如水中有较大杂质时，喇叭口外需设滤网。

（6）当泵从压水管引水启动时，吸水管上应装有底阀（水只能从吸水管口进入泵，而不能从其流出）。

（7）吸水管中设计流速：管径小于 250mm 时，设计流速为 1.0～1.2m/s；管径不小于 250mm 时，设计流速为 1.2～1.6m/s；管路较短且地形吸水高度不大时，设计流速度为 1.6～2.0m/s。

3. 对压水管的要求

（1）压水管承受高压，采用钢管焊接接口，为便于检修，适当位置可用法兰接口。

（2）考虑压水管内水对水管的作用力传至水泵，应设伸缩节或可曲挠的橡胶接头。

（3）为承受管路中内压力造成的推力，在一定部位上（各弯头处）应设置专门的支墩或拉杆。

（4）泵与压水闸阀之间需设置止回阀，以免水倒流。

（5）设计流速的规定：管径小于 250mm 时，设计流速为 1.5～2.0m/s；管径不小于 250mm 时，设计流速为 2.0～

2.5m/s。

（6）压水管上闸阀因承受高压，开启较困难，当压水管直径不小于 400mm 时，大都采用电动或水力闸阀，如图 5.5.1 所示为离心泵站管路实物图。

图 5.5.1　离心泵站管路实物图

第6章 水泵的运行操作、维护与故障处理

6.1 水泵的运行操作

水泵的启动、运转及停止应严格按照操作规程进行。

1. 启动前的准备

（1）外观检查。检查水泵和电机的固定是否良好，螺栓有无松动、脱离，转动部件周围是否有妨碍运转的杂物等。

（2）润滑检查。检查轴承用油的油质、油量、油温，轴承、电机用水冷时冷却水应畅通。

（3）填料检查。检查填料的松紧程度是否合适。

（4）进水管检查。检查吸水井水位、滤网有无杂物堵塞。

（5）盘车。盘车是用手或专用工具（盘车装置）转动联轴器，转动过程中应注意泵内是否有摩擦、撞击声及卡涩现象，若有，应查明原因，迅速进行处理。

（6）阀门的原始状态。离心泵启动前出水闸阀应是关闭的。

（7）灌泵。非自灌式工作的水泵，启动前必须充水，过程中要注意泵体的放气。

2. 启动开机

启动开机过程如图 6.1.1 所示。

（1）按启动按钮。过程中应注意电流变化情况，倾听水泵机组转动的声音。

（2）待转速稳定后，打开仪表阀，观察出水压力、进口真空计是否正常。

（3）打开出水管上的闸阀，逐渐加大出水量，直到出水阀门全开为止。过程中应注意配电屏上电流表逐渐增大，真空表读数

逐渐增加，压力表读数逐渐下降；还要注意到离心泵不允许无载长期运行，这个时间通常以 2～4min 为限。

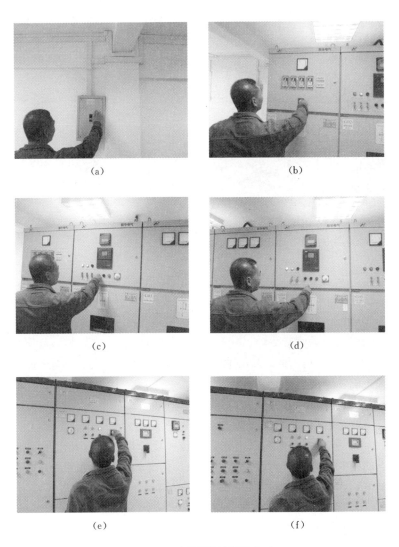

(a)

(b)

(c)

(d)

(e)

(f)

图 6.1.1　启动开机过程图（一）

（g）

（h）

（i）

图 6.1.1　启动开机过程图（二）

（4）启动注意事项。

1）水泵启动时，应在机泵联结前确定电动机的旋转方向是否正确，泵的转动是否灵活。

2）关闭出水管路上的闸阀。

3）向泵内灌满水或真空泵引水。

4）接通电源，当泵达到正常转速后，再逐渐打开出水管道上的闸阀，并调节到所需要的工况。在出水管上的闸阀关闭的情况下，泵连续工作的时间不能超过 3min。

3. 运转

（1）监盘。检查与分析仪表盘上的各种参数，如温度、压力、流量、电流、功率等，发现异常情况时应作相应的处理。

（2）巡检。定时巡回检查水泵、电机及工艺流程的运行状态，如轴封填料盒是否发热，滴水是否正常，泵与电动机的轴承和机壳温度以及水泵的出水压力等。

（3）抄表。包括定期抄录有关的运行参数，填写运行日志，为运行管理提供基本材料。

（4）运行中的注意事项。

1）在开机运转过程中，必须注意观察仪表读数、轴承温升发热、填料漏水和发热的振动和噪音是否正常，如果发现异常情况，应及时处理。

2）轴承温度最高不大于80℃或不得超过环境温度40℃以上。

3）填料正常时，漏水应该是少量且均匀的。

4）用机油润滑时，轴承油位应保持在正常位置上，不能过高或过低。过低时，应及时补充润滑油。黄油润滑时，新水泵运行300h后应换油，以后每运行1500h换一次油。环境温度在0℃以下时，适合机油润滑，环境温度在0℃以上时，适合黄油润滑。

4. 停机

接到停车命令后，按如下程序停机（图6.1.2）。

（1）缓闭出水闸阀。

（2）按停止按钮。

（3）关闭仪表阀。

（4）停供轴封水和轴承冷却水、停供电机（对水冷电动机）冷却水。

（5）视情况决定泵体是否排水。

（6）视情况决定是否断开机组电源。

5. 水泵的定期检查

水泵、电机累计运行一定的时间后，应进行解体检查。各种用途的离心泵都有根据运行状况制定的定检周期及内容，应按计划进行。拆检时，应观察或测定各部件有无磨损、变形、腐蚀，部件主要尺寸如有缺陷，必须进行处理或更换。如口环磨损应更换、填料失效应更换、泵轴变形应校正等。

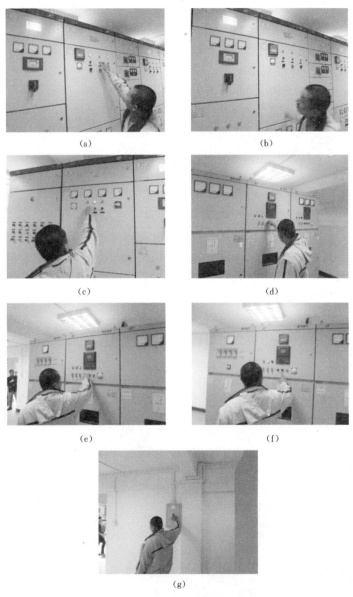

(a)

(b)

(c)

(d)

(e)

(f)

(g)

图 6.1.2　停机过程图

6.2 水泵的日常维护与保养

水泵的使用除了严格按照安装要求进行外，还应注意两点：

（1）切忌仅凭经验。比如水泵在出现底阀漏水时，有些运行人员图省事，在每次开机前，先向进水管口填些干土，再灌水将土冲到底阀，以使底阀不漏水。此法看起来简便易行，但不足取。因为当水泵开始工作时，底阀内的砂土就会随水进入泵内，磨损叶轮、泵壳和轴等，严重影响使用寿命，正确的方法应该是对底阀进行检修，确定无法修理的，应该更换。

（2）发现故障要及时排除，切忌让机组"带病"工作。如发现水泵填料漏气，不但使机组能耗过大，而且会出现汽蚀现象，加快叶轮的损坏，直接影响水泵的使用寿命。再如，发现水泵剧烈振动，应立即停机检查，若是水泵弯曲变形很大则可能发生安全事故。

水泵机组和管路在使用一段时期后，应做好以下保养工作。

（1）放尽水泵和管道内的水。

（2）如果拆卸方便，可将水泵和管道拆下来，并清理干净。

（3）检查滚珠轴承，如内外套磨损、旷动、滚珠磨损或表面有斑点都要更换，尚可使用的用汽油或煤油将轴承清洗干净后涂黄油保存。

（4）检查叶轮上是否有裂痕或小孔，叶轮固定螺母是否松动，如有损坏应修理或更换。检查叶轮减磨环处间隙，如超过规定值，应修理或更换。

（5）若水泵和管道都不拆卸，应用盖板将出口封好，以防杂物进入。

（6）传动胶带不用时，应把胶带拆下，用温水清洗擦干后保存在没有阳光直接照射的地方，也不要存放在有油污、腐蚀物及烟雾的地方。无论在何种情况下，都不要使胶带粘上机油、柴油或汽油等油类物质，不要对胶带涂松香或其他黏性的物质。胶带在使用前，须清除胶带接触面的白粉。

（7）把所有螺钉、螺栓用钢丝刷刷洗干净，并涂上机油或浸在柴油中保存。

村镇供水水泵被广泛使用，如何正确使用和维持供水水泵对饮水以及泵的正常运转和寿命至关重要。

6.3　水泵常见故障的分析与排除

水泵运行中常见的故障基本上也分为两大类，即性能故障和机械故障。水泵常见故障现象、产生原因及排除方法列于表6.3.1 中。

（1）不出水。①往泵内注满水，排除管内空气；②降低泵的吸水高度，使其在泵的正常吸程范围内；③检查底阀及叶轮，看底阀是否已打开，有没有被泥沙淤塞，必要时要清洗叶轮；④检查电源系统，看电源线是否接错，旋转方向是否正确。

（2）出水量小。①转速不足，检查电源系统；②密封环和叶轮口环部位磨损严重，更换密封环和叶轮；③底阀、叶轮存杂物，拆检底阀及叶轮并清除杂物；④水泵吸程超过其额定吸程，水泵在工作过程中，水源水位会下降，这样会使水泵处于超吸程状态，据测定，超过吸程 0.5m，水泵出水量会减小 20％左右，应采取水泵下卧或在安装时就考虑水位下落情况等措施，使水泵吸程在正常范围内；⑤出口管路阻力大、水损大，应缩短管路或加大管径；⑥水泵扬程过大，要根据实际扬程及计算的水损情况重新选取合适流量的水泵。

（3）内部声音反常。①流量太大，要减小出口闸阀的开度或增加出水管内的阻力以减小流量；②有空气渗入，检查吸入管路是否有不密封情况，堵塞漏气处；③扬程高，减小吸水高度。

（4）轴承过热，振动大。①没有油，要加注润滑油；②水泵轴弯曲，一旦发现水泵振动，应立即检修，若泵轴弯曲不严重，可用手动螺杆校正器校正后，再重新使用，若弯曲严重，应立即更换；③轴承轴向无间隙，轴承盖端面加纸垫调整；④传动胶带过紧，调整位置。

（5）电机发热，耗功大。①填料压得太紧，应适当放松填料压盖；②因叶轮磨损太大，水泵出水量增加，应更换叶轮或适当关小出口闸阀等，增加出水管阻力，降低流量。

表 6.3.1　　　　　水泵常见故障现象、原因及其排除方法

故障	产生原因	排除方法
启动后水泵不出水或出水量不足	1. 泵壳内有空气，灌泵工作没做好； 2. 吸水管路及填料有漏气； 3. 水泵转向不对； 4. 水泵转速太低； 5. 叶轮进水口及流道堵塞； 6. 底阀堵塞或漏水； 7. 吸水井水位下降，水泵安装高度太大； 8. 减漏环及叶轮磨损； 9. 水面产生漩涡，空气带入泵内； 10. 水封管堵塞； 11. 吸水管抬头安装	1. 继续灌水或抽气； 2. 堵塞漏气，适当压紧填料； 3. 对换电线接头，改变转向； 4. 检查电路，是否电压过低； 5. 揭开泵盖，清除杂物； 6. 清除杂物或修理； 7. 核算吸水高度，必要时降低安装高度； 8. 更换磨损零件； 9. 加大吸水口淹没深度或采取防止措施； 10. 拆下清通； 11. 吸水管应改为低头安装
水泵开启不动或启动后轴功率过大	1. 填料压得太死，泵轴弯曲，轴承磨损； 2. 多级泵中平衡孔堵塞或回水管堵塞； 3. 靠背轮间隙太小，运行中两轴相顶； 4. 电压太低； 5. 输送液体比重过大； 6. 流量超过使用范围太多	1. 松一点压盖，矫直泵轴，更换轴承； 2. 清除杂物，疏通回水管； 3. 调整靠背轮间隙； 4. 检查电路，向电力部门反映情况； 5. 更换电动机，提高功率； 6. 关小出水闸阀
水泵机振动和噪声	1. 地脚螺栓松动或没填实； 2. 安装不良，联轴器不同心或泵轴弯曲； 3. 水泵产生汽蚀； 4. 轴承损坏或磨损； 5. 基础松软； 6. 泵内有严重摩擦； 7. 出水管存留空气	1. 拧紧并填塞地脚螺栓； 2. 找正联轴器不同心度，矫直或换轴； 3. 降低吸水高度，减少水头损失； 4. 更换轴承； 5. 加固基础； 6. 检查咬住部位； 7. 在存留空气处，加装排气阀

故障	产生原因	排除方法
轴承发热	1. 轴承磨损； 2. 轴承缺油或油太多（使用黄油时）； 3. 油质不良，不干净； 4. 轴弯曲或联轴器没找正好； 5. 滑动轴承的甩油环不起作用； 6. 叶轮平衡孔堵塞； 7. 多级泵平衡轴向力装置失去作用	1. 换轴承； 2. 规定油面加油，去掉多余黄油； 3. 更换合格润滑油； 4. 矫正或更换泵轴，找正联轴器； 5. 放正油环位置或更换油环； 6. 清除平衡孔上堵塞的杂物； 7. 检查回水管是否堵塞，联轴器是否相碰，平衡盘是否损坏
运行中压头降低	1. 转速降低； 2. 水中含有空气； 3. 压水管损坏； 4. 叶轮损坏和密封磨损	1. 检查原动机及电源； 2. 检查吸水管路和填料箱的严密性，压紧或更换填料； 3. 关小压力管阀门，并检查压水管路； 4. 拆开修理，必要时更换
电动机过载	1. 转速高于额定转速； 2. 水泵流量过大，扬程低； 3. 水泵叶轮被杂物卡住； 4. 电网中电压降太大； 5. 电动机发生机械损坏	1. 检查电路及电动机； 2. 关小出水闸阀； 3. 揭开泵盖，检查水泵； 4. 检查电路； 5. 检查电动机
电动机电流过小	1. 吸水底阀或出水闸阀打不开或开不足； 2. 水泵汽蚀	1. 检查吸入底阀和出水闸阀开度； 2. 降低吸水高度
填料处发热，渗漏水过少或没有	1. 填料压得过紧； 2. 填料环安装位置不对； 3. 水封管堵塞； 4. 填料盒与轴不同心	1. 调整松紧度，使滴水呈滴状连续渗出； 2. 调整填料环位置，使它正好对准水封管口； 3. 疏通水封管； 4. 检查，改正不同心地方

第7章 泵站的机组安装与运行管理

泵站工程的兴建，只是为农田排灌和城乡供水创造了一个良好的条件，而管好用好泵站工程，充分发挥其经济效益，更好地为农业和社会发展及国民经济的各个部门服务，还需要加强科学管理。

安装质量的好坏直接影响机组运行的效率、设备的管理与维修以及使用寿命。因而必须按照安装规程和技术要求认真做好。本章节主要阐述机组安装的方法、步骤和技术要点。

泵站运行管理包括技术管理、经济管理等。泵站运行管理的主要内容和任务是根据泵站技术管理规范和国家的有关规定，制定泵站的运行、维护、检修、安全等技术规程和规章制度；搞好泵站的机电设备等管理工作；完善管理机构，建立健全岗位责任制，提高管理队伍的政治业务素质；认真总结经验，开展技术改造、技术革新和科学试验，应用和推广新技术；按照泵站技术经济指标的要求，考核泵站管理工作等。本章节着重介绍机组运行和技术经济指标方面的一些问题。

7.1 机组安装的基本要求

1. 安装前的准备工作

（1）安装人员的组织。安装前必须配齐技术力量。安装人员必须熟悉安装范围内的有关图纸和资料，学习安装规范及其他有关规程和规定，掌握安装步骤、方法和质量要求。

（2）安装工具和材料的准备。安装用的工具和材料，与机组的型号、大小等有关，要根据具体情况，准备好所需的工具和材料。安装工具包括一般工具、起吊运输工具、量具和专用工具等。现简要介绍如下。

1）塞尺。塞尺是一种检查间隙的量具，如图7.1.1所示，由不同厚度的条形钢片组成，每片的厚度在0.01～1mm之间，其长度有0.05m、0.10m、0.15m、0.20m、0.30m、0.40m等几种规格。测量时可一片或数片重叠在一起，插入间隙内使用。

2）千分尺。千分尺是一种测量零部件尺寸的较精密的量具，它是利用螺旋运动原理，把螺旋的旋转运动变成检测的直线位移来进行测量的一种量具。按其用途不同分为外径千分尺、内径千分尺，如图7.1.2、图7.1.3所示。前者用于测量零件的外形尺寸，后者用于测量零件的内尺寸。成套的内径千分尺，一般都带有一套不同长度的接长杆，根据被测物尺寸的大小，选择不同尺寸的接长杆来使用。

图 7.1.1　塞尺

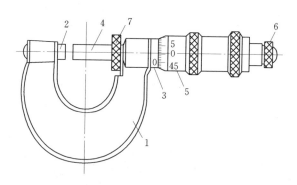

图 7.1.2　外径千分尺

1—弓架；2—固定测站；3—固定套管；

4—螺杆测轴；5—活动刻度套筒；

6—棘轮机构；7—定位环

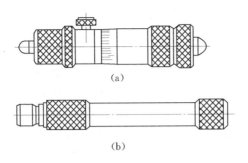

图 7.1.3　内径千分尺
（a）尺头；（b）加长杆

3）百分表。百分表是用于检查各部件之间互相平行、位置及部件表面几何形状正确性的仪表，利用齿轮、齿条传动机构，把测头直线移动变为指针的旋转运动。指针可精确地指示测杆所测量的数值，如图 7.1.4 所示。

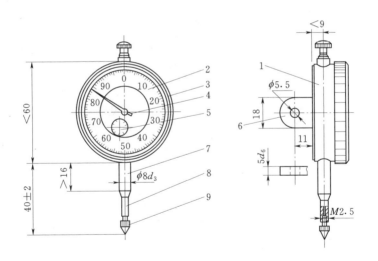

图 7.1.4　百分表
1—表体；2—表盘；3—表圈；4—指针；5—转数指示盘；
6—耳环；7—套筒；8—量杆；9—测量头

4）方框水平仪。方框水平仪是一种测量水平度和垂直度的精密仪器，由外表面互相垂直的方形框架、主水准和与主水准垂直的辅助水准组成，如图7.1.5所示。

在使用前应进行检验，通常采用"调头"重复测量的方法，校正方框水平仪的误差。

2. 设备的验收

设备运到工地后，应组织有关人员检查各项技术文件和资料，检验设备质量和规格数量。

设备的检查包括外观检查、解体检查和试验检查。一般对出厂有验收合格证、包装完整、外观检查未发现异常情况的设备，只要运输保管符合技术文件的规定，可不进行解体检查。

图7.1.5　方框水平仪

若对制造质量有怀疑或由于运输、保管不当等原因而影响设备质量，则应进行解体检查。为保证安装质量，对与装配有关的主要尺寸及配合公差应进行校核。

3. 土建工程的配合

安装前土建工程的施工单位应提供主要设备基础及建筑物的验收记录、建筑物设备基础上的基准线、基准点和水准标高点等技术资料。为保证安装质量和安装工作的顺利进行，安装前机组基础混凝土应达到设计强度70%以上。泵房内的沟道和地坪已基本做完，并清理干净。泵房已封顶，不漏雨雪，门窗能遮蔽风沙。建筑物装修时不影响安装工作的进行，并保证机电设备不受影响。对设固定起重设备的泵房，还应具备行车安装的技术条件。

4. 主机组基础和预埋件的安装

（1）根据设计图纸要求，在泵房内按机组纵横中心线及基础外形尺寸放样。为保证安装质量，必须控制机组的安装高程和纵横位置误差，机组位置控制关系如图 7.1.6 所示。

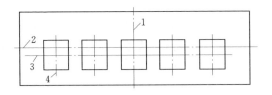

图 7.1.6 泵房机组位置控制图

1—泵房横向中心线；2—泵房纵向中心线；

3—机组纵向中心线；4—机组横向中心线

为便于管道安装，主机组的基础与进出水管道（流道）的相互位置和空间几何尺寸应符合设计图 7.1.7 的要求。

（2）基础浇筑分一次浇筑和二次浇筑两种方法。前者用于小型水泵，后者用于大中型水泵。一次浇筑法是将地脚螺丝在浇筑前预埋，地脚螺丝上部用横木固定在基础木模上，下部按放样的地脚螺丝间距焊在圆钢上。在浇筑时，一次把它浇入基础内，如图 7.1.7 所示。

预埋件的材料和型号，必须符合设计要求。二次浇筑法是在浇筑基础时预留出地脚螺丝孔，根据放样位置安放地脚螺丝孔木模或木塞，如图 7.1.8 所示。

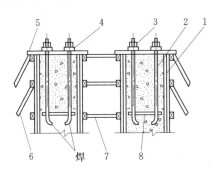

图 7.1.7 一次浇筑法立模图

1—木模板；2—地脚螺栓；3—螺母；4—垫片；

5—横木；6，7—支撑；8—固定钢筋（圆钢）

在浇筑完毕后，于混凝土初凝后终凝前将木塞拔出。预留孔的中心线对基准线的偏差不大于 0.005m，孔壁铅垂度误差不得大于 0.010m，孔壁力求粗糙，机组安装好后再向预留孔内浇筑混凝土或水泥砂浆。灌浆时应采用下浆法施工，并捣固密实，以保证设备的安装精度。

（3）水泵和电动机底座下面，一般设可调垫铁（图 7.1.9），用来支承机组重量，调整机组的高程可调水平，并使基础混凝土有足够的承压面。垫铁的材料为钢板或铸铁件，斜垫铁的薄边一般不小于 0.010m，斜边坡度为 $1/10 \sim 1/25$，斜垫铁尺寸，一般按接触面受力不大于 $30000 kN/m^2$ 来确定。垫铁平面加工粗糙度为 V_5；搭接长度在 $2/3$ 以上。

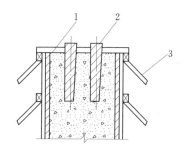

图 7.1.8　二次浇筑法地脚
螺丝孔的木塞
1—木模板；2—木塞；3—支撑

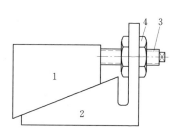

图 7.1.9　可调垫铁
1—上垫铁；2—下垫铁；
3—调节螺杆；4—螺母

7.2　水泵的安装

水泵就位前应复查安装基础平面和标高位置。包括中心线找正、水平找正和标点找正，安装过程中的关键必须认真掌握。卧式机组安装程序如图 7.2.1 所示。图中粗线方框表示总安装程序，细线方框表示总的安装程序中每一步骤的安装内容，箭头表示进程。下面以卧式机组为例进行说明。

1. 中心线找正

中心线找正是找正水泵的纵横中心线。先定好基础顶面上的纵横中心线，然后在水泵进、出口法兰面（双吸式离心泵）和轴中心分别吊垂线，调整水泵位置，使垂线与基础上的纵横中心线相吻合，如图 7.2.2 所示。

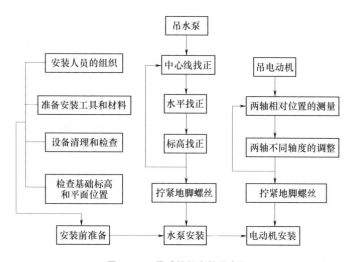

图 7.2.1　卧式机组安装程序图

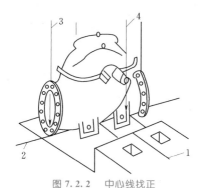

图 7.2.2　中心线找正

1、2—基础上的纵横中心线；3—水泵进出口
法兰中心线；4—泵轴中心线

2. 水平找正

水平找正是找正水泵纵向水平和横向水平。一般用水平仪或吊垂线，单吸离心泵在泵轴和出口法兰面上进行测量，如图7.2.3、图7.2.4所示。

双吸式离心泵在水泵进、出口法兰面一侧进行测量，如图7.2.5所示。

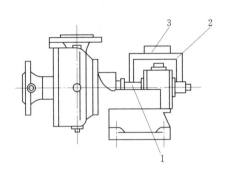

图 7.2.3　纵向水平找正
1—水泵轴；2—支撑；3—水平仪

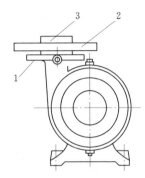

图 7.2.4　横向水平找正
1—水泵出水口法兰；
2—水平尺；3—水平仪

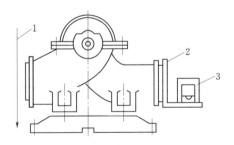

图 7.2.5　用吊锤线或方框水平仪找正水平
1—垂线；2—专用角尺；3—方框水平仪

用调整垫铁的方法，使水平仪的气泡居中，或使法兰面至垂线的距离相等或与垂线重合。卧式双吸式离心泵还可以在泵壳的中开面上，选择可连成十字形的 4 个点，把水准尺立在这 4 个点上，用水准仪测量各点水准尺的读数，若读数相等，则水泵的纵向与横向水平同时找正，如图7.2.6所示。

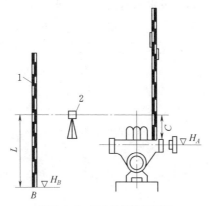

图7.2.6　用水准仪找正标高
1—水准尺；2—水准仪

7.3　水泵的安装步骤与注意事项

水泵的安装与校正是关键性的第一步。尽管水泵机组在出厂时已校正，但由于运输、装配等原因，会导致不同程度的变动或松动，因此，水泵在安装时要边安装、边校正。

1. 水泵的安装步骤

（1）清除底座上的油腻和污垢，把底座放在地基上。

（2）用水平仪检查底座水平，允许用楔铁找平。

（3）用水泥浇灌底座和地脚螺栓孔眼。

（4）水泥干固后应该检查底座和地脚螺栓孔眼是否松动，适当拧紧地脚螺栓，重新检查水平度。

（5）清理底座的支持平面、水泵脚及电机脚的平面，并把水泵和电机安装到底座上。

（6）检查和调整水泵与电机轴心线的重合度，检查水泵轴与电机轴中心线是否一致，两联轴器外圆的上下左右差值不超过0.1mm，可用薄片调整使其同心；两联轴器端面留间隙2

～3mm。

2. 水泵的安装注意事项

（1）水泵的实际吸水吸程必须低于水泵的允许吸程。

（2）水泵的进水管应该尽量短、直，在水平面上不得向上凸起或高于水泵，以避免水泵运行时汽蚀增加、效率降低。

（3）水泵出口管应适当扩大，并尽量接近出水的水面，过高或过低都会增加动力消耗。长距离输送时应取较大管径。泵的管路应有专用支架，不允许管路重量加在泵上，避免把泵压坏。

（4）水泵底阀或进水管口离水源边缘的距离不得小于进水管的直径，进水管入水深度不得小于0.5m。安装2台以上水泵时，底阀或进水管口之间的距离不得小于两倍底阀或进水管口的外径。

（5）排出管路逆止阀应安装在闸阀的外面，泵扬程20m以上均应安装逆止阀。

（6）带轮的直径应根据转速计算确定，在按公式计算带轮直径时应考虑胶带打滑的因素，对计算值作适当调整。

3. 进出水管道的安装

进出水管道的安装包括管道、管道附件、阀件的安装。管道安装前应检验管道的规格和质量是否符合要求。如是法兰连接，应检查管道法兰面与管道中心线是否垂直，两端法兰面是否平行，法兰面凸台的密封沟是否正常。管道的内部防腐或衬里工作应符合有关规定。安装管道所用的管床、镇墩等土建工程应找正合格。此外，与管道联结的设备应找正合格，固定牢靠。

为了避免进水管内积存空气，进水管水平管段不应完全水平，更不得向水泵方向下降，应有向水泵方向逐渐上升的坡度（$i \geqslant 0.005$）。偏心渐缩接管，其平面部分要装在上面，斜面部分装在下面。水泵进水口应避免与弯头直接相连，当进水管直径等于水泵进水口时，应在弯头和水泵进水口之间加装一段直管，如图7.3.1所示。

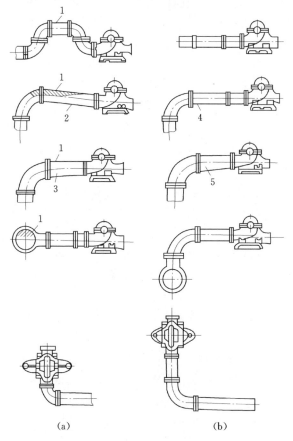

图 7.3.1　正确和不正确的进水管路安装图

（a）不正确；（b）正确

1—存气；2—向水泵下降；3—同心渐缩接管；

4—向水泵上升（1/50～1/100）；5—偏心渐缩

7.4　水泵机组试运行

机组试运行以后，并经工程验收委员会验收合格，交付管理单位。管理单位接管后，应组织管理人员熟悉安装单位移交的文件、图纸、安装记录、技术资料，学习操作规程，然后进行分工，按专业对设备进行全面检查。在泵站的水工建筑物和主要机电设备安装、试验、验收完成之后，正式投入运行之前，都必须按照《泵站安装及验收规范》（SL 317—2004）的要求进行机组的试运行。一切正常后方可投入运行、管理、维护工作。

1. 试运行的目的

（1）参照设计、施工、安装及验收等有关规程、规范及其技术文件的规定，结合泵站的具体情况，对整个泵站的土建工程和机、电设备及金属结构的安装进行全面系统的质量检查和鉴定，以作为评定工程质量的依据。

（2）通过试运行，确定安装工程质量符合规程、规范要求，便可进行全面交接验收工作，施工、安装单位将泵站移交给生产管理单位正式投入运行。

（3）通过试运行以考核主辅机械协联动作的正确性，掌握机电设备的技术性能，制定一些运行中必要的技术数据，得到一些设备的特性曲线，为泵站正式投入运行作技术准备。

（4）通过试运行，确认泵站土建和金属结构的制造、安装或检修质量。

2. 试运行注意事项

水泵的试运行应注意以下事项：

（1）对新安装或长期停用的水泵，在投入供排水作业前，一般应进行试运行，以便全面检查泵站土建工程和机电设备运行，可及早发现遗漏的工作或工程和机电设备存在的缺陷，以便及早处理，避免发生事故，保证建筑物和机电设备及结构能安全可靠地投入运行。

（2）运行中不能有损坏或堵塞叶片的杂物进入水泵内，不允许出现严重的汽蚀和振动。

（3）轴承、轴封的温度正常，润滑用的油质、油位、油温、水质、水压、水温符合要求。水泵填料的压紧程度，以有水30～60滴/min滴出为宜。

（4）进出水管道要求严格密封，不允许有进气和漏水现象。

（5）泵房内外各种监测仪表和阀件处于正常状态。为了保证安全生产，表都应定期检验或标定。

（6）多泥沙水源的泵站，在提水作业期间的含沙率一般应小于 7%，否则不仅加速水泵和管道的磨损，且影响泵站效率和提水流量，还可能引起水泵过流部件的汽蚀和磨蚀。

3. 试运行的内容

机组试运行工作范围很广，包括检验、试验和监视运行，它们相互联系密切。由于水泵机组为首次启动，而又以试验为主，人员对运行性能均不了解，所以必须通过一系列的试验才能掌握。其内容主要有以下几个方面。

（1）机组充水试验。

（2）机组空载试运行。

（3）机组负载试运行。

（4）机组自动开停机试验。

试运行过程中，必须按规定进行全面详细的记录，要整理成技术资料，试运行结束后，交鉴定、验收、交接资料，进行正确评估并建立档案保存。

4. 试运行的程序

为保证机组试运行的安全、可靠，并得到完善可靠的技术资料，启动调整必须逐步深入，稳步进行。

（1）试运行前的准备工作。试运行前要成立试运行小组，拟定试运行程序及注意事项，组织运行操作人员和值班人员学习操作规程、安全知识，然后由试运行人员进行全面认真的检查。

试运行现场必须进行彻底清扫，使运行现场有条不紊，并适当悬挂一些标牌、图表，为机组试运行提供良好的环境条件和协调的气氛。

离心泵抽真空时，应检查水封等处的密封性。另外，还应对电动机部分进行检查。

电动机部分的检查主要包括以下几个方面。

1）检查电动机空气间隙，用白布条或薄竹片拉扫，防止杂物掉入气隙内，造成卡阻或电动机短路。

2）检查电动机线槽有无杂物，特别是金属导电物，防止电动机短路。

3）检查转动部分螺母是否紧固，以防运行时受振松动，造成事故。

4）检查制动系统手动、自动的灵活性及可靠性；复归是否符合要求；视不同机组而定，顶起转子 $0.003 \sim 0.005\mathrm{m}$，机组转动部分与固定部分不相接触。

5）检查转子上、下风扇角度，以保证电动机本身提供最大冷却风量。

6）检查推力轴承及导轴承润滑油位是否符合规定。

7）通冷却水，检查冷却器的密封件和示流信号器动作的可靠性。

8）检查轴承和电动机定子温度是否均为室温，否则应予以调整；同时检查温度信号计整定位是否符合设计要求。

9）检查核对电气接线，吹扫灰尘，对一次和二次回路作模拟操作，并整定好各项参数。

10）检查电动机的相序。

11）检查电动机的绝缘电阻，做好记录，并记下测量时的环境温度。

12）同步电机检查碳刷与刷环接触的紧密性、刷环的清洁程度及碳刷在刷盒内动作的灵活性。

（2）机组空载试运行。

1）机组的第一次启动。经上述准备和检查合格后，即可进行第一次启动。第一次启动应用手动方式进行，一般都是空载启动，这样既符合试运行程序，也符合安全要求。空载启动是检查转动部件与固定部件是否有碰磨，轴承温度是否稳定，摆度、振动是否合格，各种表计是否正常，油、气、水管路及接头、阀门等处是否渗漏，测定电动机启动特性等有关参数，对运行中发现的问题要及时处理。

2）机组停机试验。机组运行 4～6h 后，上述各项测试工作均已完成，即可停机。机组停机仍采用手动方式，停机时主要记录从停机开始到机组完全停止转动的时间。

3）机组自动开、停机试验。开机前将机组的自动控制、保护、励磁回路等调试合格，并模拟操作准确，即可在操作盘上发出开机脉冲，机组即自动启动。停机也以自动方式进行。

（3）机组负荷试运行。机组负载试运行的前提条件是空载试运行合格，油、气、水系统工作正常，各处温升符合规定。振动、摆度在允许范围内，无异常响声和碰擦声，经试运行小组同意，即可进行带负荷运行。

负荷试运行前的检查主要包括以下几个方面。

1）检查上、下游渠道内及拦污栅前后有无漂浮物，并应妥善处理。

2）打开平衡闸，平衡闸门前后的静水压力。

3）吊起进出水侧工作闸门。

4）关闭检修闸阀。

5）油、气、水系统投入运行。

6）操作试验真空破坏阀，要求动作准确，密封严密。

7）将叶片调至开机角度。

8）人员就位，抄表。

上述工作结束即可负载启动。负载启动用手动或自动均可，由试运行小组视具体情况而定。负载启动时的检查、监视工作，仍按空载启动各项内容进行。如无抽水必要，运行 6～8h 后，若一切运行正常，可按正常情况停机，停机前抄表一次。

（4）机组连续试运行。在条件许可的情况下，经试运行小组同意，可进行机组连续试运行。其要求如下：

1）单台机组运行一般应在 7h 时累计运行 72h 或连续运行 24h（均含全站机组联合运行小时数）。

2）连续试运行期间，开机、停机不少于 3 次。

3）全站机组联合运行的时间不少于 6h。

机组试运行以后，并经工程验收委员会验收合格，交付管理单位。管理单位接管后，应组织管理人员熟悉安装单位移交的文件、图纸、安装记录、技术资料，学习操作规程，然后进行分工，按专业对设备进行全面检查，电气做模拟试验。一切正常即可投入运行、管理、维护工作。

7.5 水泵机组的运行方式

水泵机组的运行方式是决定水系统管理方式的重要因素，而水系统的总体管理方式又反过来对水泵的运行方式给予一定的制约。在任何情况下，决定运行操作方式以及操作方法，都必须根据水泵机组的规模、使用目的、使用条件及使用的频繁程度等确定，并使水泵机组安全可靠而又经济地运行。

一般条件下，水泵运行过程中从开始启动到停机操作完毕，主水泵及辅助设备的操作都是这样进行的，但也有采取各机组单台联动操作或多台联动操作的，必要时由计量测试装置发出相应的指令进行自动开停机操作。究竟采用何种操作方式，必须从水系总体的管理方式出发，视其重要性、设施的规模、作用、管理体制等确定。运行方式有一般手动操作（单独、联动操作）和自动操作两大类。

1. 开机

对于离心泵为关阀启动。启动前，水泵和吸入管路必须充满水并排尽空气。当机组达到额定转速，压力超过额定压力后，打开闸阀，使机组投入正常运行。

2. 运行

开启进水闸门，使前池水位达到设计水位，开启吸水管路上的闸阀（负值吸水时），或抽真空进行充水；启动补偿器或其他启动设备启动机组，当机组达到额定转速，压力超过额定压力后（指离心泵机组），逐渐开启出水管路上的闸阀，使机组投入正常运行。

观察机组运行时的响声是否正常。如发现过大的振动或机械撞击声，应立即停机进行检修。

经常观察前池的水位情况，清理拦污栅上堵塞的枯枝、杂草、冰屑等，并观测水流的含沙量与水泵性能参数的关系。

检查水泵轴封装置的水封情况。正常运行的水泵，从轴封装置中渗漏的水量以 $30\sim60$ 滴/min 为宜。滴水过多说明填料压得过松，起不到水封的作用，空气可能由此进入叶轮（指双吸式离心泵）破坏真空，并影响水泵的流量或效率。相反，滴水过少或不滴水，说明填料压得太紧，润滑冷却条件差，填料易磨损发热变质而损坏，同时泵轴被咬紧，增大水泵的机械损失，使机组运行时的功率增加。

检查轴承的温度情况。经常触摸轴承外壳是否烫手，如手不能触摸，说明轴承温度过高。这样将可能使润滑油质分解，摩擦面油膜被破坏，润滑失效，并使轴承温度更加升高，引起烧瓦或滚珠破裂，造成轴被咬死的事故。轴承的温升一般不得超过周围环境温度 $35℃$，轴承的温度最高不得超过 $75℃$。运行中应对冷却水系统的水量、水压、水质经常观察。对润滑油的油量、油质、油管是否堵塞以及油环是否转动灵活，也应经常观察。

注意真空表和压力表的读数是否正常。正常情况下，开机后真空表和压力表的指针偏转一定数值后就不再移动，说明水泵运行已经稳定。如真空表读数下降，一定是吸水管路或泵盖结合面漏气。如指针摆动，很可能是前池水位过低或者吸水管进口堵塞。压力表指针如摆动很大或显著下降，很可能是转速降低或泵内吸入空气。

机组运行时还应注意各辅助设备的运行情况，遇到问题应及时处理。

3. 运行中的维护及故障处理

机组运行中可能会发生故障，但是一种故障的发生和发展往往是多种因素综合作用的结果。因此，在分析和判断一种故障时，不能孤立地静止地就事论事，而要全面地、综合地分析，找出发生故障的原因，及时而准确地排除故障。水泵运行中，值班人员应定时巡回检查，通过监测设备和仪表，测量水泵的流量、扬程、压力、真空度、温度等技术参数，认真填写运行记录，并定期进行分析，为泵站管理和技术经济指标的考核，提供科学依据。

水泵运行发生故障时，应查明原因及时排除。泵故障及其故障原因繁多，处理方法各不相同。机组运行中常见的故障及排除方法见表7.5.1。

表 7.5.1　　　　　　　水泵运行中的故障原因和处理方法

故障	原　因	处理方法
水泵 不出水	1. 没有灌满水或空气未抽尽； 2. 泵站的总扬程太高； 3. 进水管路或填料函漏气严重； 4. 水泵的旋转方向不对； 5. 水泵的转速太低； 6. 底阀锈住，进水口或叶轮的横道被堵塞； 7. 扬程太高； 8. 叶轮严重损坏，密封环磨大； 9. 叶轮螺母及键脱出； 10. 进水管道安装不正确，管道中存有气囊，影响进水； 11. 叶轮装反	1. 继续灌水或抽气； 2. 更换较高扬程的水泵； 3. 堵塞漏气部位，压紧或更换填料； 4. 改变旋转方向； 5. 提高水泵转速； 6. 修理底阀，清除杂物，进水口加做拦污栅； 7. 降低水泵安装高程，或减少进水管道的阀件； 8. 更换叶轮、密封环； 9. 修理紧固； 10. 改装进水管道，消除隆起部分； 11. 重装叶轮
水泵出 水量不足	1. 影响水泵出水的诸因素不严重； 2. 进水管口淹没深度不够，泵内吸入空气； 3. 工作转速偏低； 4. 闸阀开得太小或逆止阀有杂物堵塞	1. 参照水泵不出水的原因，进行检查分析，加以处理； 2. 增加淹没深度，或在水管周围水面处套一块木板； 3. 加大配套动力； 4. 开大闸阀或清除杂物

故障	原　因	处理方法
动力机超负荷	1. 配套动力机的功率偏小； 2. 水泵转速过高； 3. 泵轴弯曲，轴承磨损或损坏； 4. 填料压得太紧； 5. 流量太大； 6. 联轴器不同心或两联轴器之间间隙太小； 7. 运行操作错误：如关闸长时间运行，产生热膨胀，使密封环摩擦引起故障	1. 调整配套，更换动力机； 2. 降低水泵转速； 3. 校正调直，修理或更换轴承； 4. 旋转填料密封； 5. 减小流量； 6. 校正同心度或调整两联轴器之间的空隙； 7. 正确执行操作顺序，遇有故障立即停机
运转时有噪音和振动	1. 水泵基础不稳定或地脚螺丝松动； 2. 叶轮损坏，局部被堵塞或叶轮本身不平衡； 3. 泵轴弯曲，轴承座损坏； 4. 联轴器不同心； 5. 进水管口淹没深度不够，空气吸入泵内； 6. 产生汽蚀	1. 加固基础，旋转螺丝； 2. 修理或更换叶轮，清除杂物或进行静平衡实验，加以调整； 3. 校正调直，修理或更换轴承； 4. 校正同心度； 5. 增加淹没深度； 6. 查明原因后再行处理，如降低吸程、减小流量或在水管内注入少量空气等
轴承发热	1. 润滑油量不足，漏气太多或加油过多； 2. 润滑油质量不好或不清洁； 3. 滑动轴承的油环可能折断或卡住不放； 4. 皮带太紧，轴承受力不均； 5. 轴承装配不正确或间隙不适合； 6. 泵轴弯曲或联轴器不同心； 7. 叶轮上平衡孔堵塞，轴向推力增大，由摩擦引起发热； 8. 轴承损坏	1. 加油、修理或减油； 2. 更换合格的润滑油，并用煤油或汽油清洗轴承； 3. 修理或更换油环； 4. 放松皮带； 5. 修理或调整； 6. 调直或校正同心度； 7. 清除平衡孔的堵塞物； 8. 修理或更换

故障	原　因	处理方法
填料函发热或漏水过多	1. 填料压得太紧或过松； 2. 水封环位置不对； 3. 填料磨损过多或轴套磨损； 4. 填料质量太差或缠法不对，填料压盖与泵轴的配合公差过小，或因轴承损坏、运转时轴线不正造成泵轴与填料压盖摩擦而发热	1. 调整压盖的松紧度； 2. 调整水封环的位置，使其正好对准水封管口； 3. 更换或重新填缠填料； 4. 车大填料压盖内径，或调换轴承
泵轴转不动	1. 泵轴弯曲，叶轮和密封环之间间隙太大或不均匀； 2. 填料与泵轴不摩擦，发热膨胀或填料压盖压得太紧； 3. 轴承损坏被金属碎片卡住； 4. 安装不符合要求，使转动部件与固定部件失去间隙； 5. 转动部件锈死或被堵塞	1. 校正泵轴，更换或修理密封环； 2. 泵壳内灌水，待冷却后再行启动运行或调整压螺丝的松紧度； 3. 调换轴承并清除碎片； 4. 重新装配； 5. 除锈或清除杂物

4. 停机

停机前先关闭出水闸门，然后关闭进水管路上的闸阀（对离心泵而言）。对卧式轴流泵，停机前应将通气管闸阀打开，再切断电源，并关掉压力表和真空表以及水封管路上的小闸阀，使机组停止运行。轴流泵关闭压力表后，即可停机。

北方地区冬季停机后，为了防止管路和机组内的积水结冰冻裂设备，应打开泵体下面的堵头放空积水，同时清扫现场，保持清洁，做好机组和设备的保养工作，使机组处于随时可启动的状态。

第8章 离心泵的检修

水泵机组的检修是运行管理中的一个重要环节,是机组安全可靠运行的关键,必须认真对待。

8.1 检修的目的和要求

为更好地为工农业生产和人民生活提供服务,泵站中的所有设备均应具备很高的运行可靠性,保证机组经常处于良好的技术状态。因此,对泵站所有的机电设备,必须进行正常的检查、维护和修理,更新那些难以修复的易损件,修复那些可修复的零件。

1. 定期检修

定期检修是机泵管理的重要组成部分,主要是解决运行中已出现并可修复的,或者尚未出现问题、按规定必须检修的零部件。

定期检修是为避免让小缺陷变成大缺陷,小问题变成大问题,为延长机组使用寿命、提高设备完好率、节约能源创造条件。必须认真地、有计划地进行。

定期检修又分局部性检修、解体大修和扩大性大修三种。

(1)局部性检修。是指运行人员可进入直接接触的部件、传动部分、自动化元件及机组保护设备等,一般安排在运行间隙或冬季检修期有计划地进行。主要项目有:

1)全调节水泵调节器铜套与油套的检查处理。

2)水泵导轴承的检查。水泵导轴承有橡胶轴承和油导轴承两种。对橡胶轴承的磨损情况、漏水量、轴颈磨损等要检查、记录、处理。油导轴承大多是巴氏合金轴承,质软易磨损,密封效果不好,停机油盆进水,泥沙沉淀,运行时磨损轴承、轴颈。特别是对未喷镀或镶包不锈钢的碳钢轴颈，为了解其锈蚀、磨损情况，应定期检查处理。

油导轴承密封装置常见的有迷宫环、平板密封、空气围带等。由于橡胶件的制作质量及本身易于老化等，若是季节性泵站，停机时间长，空气围带长期处于充气膨胀状态，因而损坏率高，应定期检查更换。

3）温度计、仪表、继电保护装置等的检查、检验。这些是鉴定机组能否正常运行的依据，要达到灵活、准确。

4）上、下导轴承油槽油及透平油取样化验，根据化验结果进行处理。

5）轴瓦间隙及瓦面检查。根据运行时温度计的温度，有目的检查轴瓦间隙和轴面情况。

6）制动部分检查处理。

7）机组各部分紧固件定位销钉是否松动。

8）油冷却器外观检查并通水试验，看有无渗漏现象。

9）检查叶轮、叶片及叶轮外壳的汽蚀情况和泥沙磨损情况，并测量记录其程度。

10）测量叶片与叶轮外壳的间隙。

11）集水廊道水位自控部分准确度的检查及设备维护。

总之进行局部性检修的目的是为安全运行创造条件，至于检修的时间间隔，可根据不同内容和运行中发现的问题而定。

（2）解体大修。所谓机组解体大修，是机组的大修。机组大修是一项有计划的管理工作，是解决运行中经大修方能消除的设备重大缺陷，以恢复机组的各项技术指标，机组大修包括解体、处理和再安装3个环节。

机组的损坏有两种：①事故损坏，发生的几率很小；②正常性损坏，如运行的摩擦磨损、汽蚀损坏、泥沙磨损、各种干扰引起的振动、交变应力的作用和腐蚀、电气绝缘老化等。

在规定的大修周期内，如机组运行并没有出现明显的异常现象，同时又可预测在以后一定时期内仍能可靠地运行，则可适当延长大修的时间。如机组能正常运行，而硬要按规定的大修周期来拆卸机组的部件或机构，那将恶化机组的技术状况。应根据机组的工作情况及部件的损坏情况来确定检修的规模。

（3）扩大性大修。当泵房由于基础不均匀沉陷等原因而引起机组轴线偏移、垂直同心度发生变化，甚至固定部分也因此而受影响，有严重的事故隐患；或者零部件严重磨损、损坏，导致整个机组性能及技术经济指标严重下降而必须进行整机解体，重新修复、更换、调整，并进行部分改造，必要时对水工部分进行修补。

2. 大修周期

机组大修的周期要根据机组的运行条件和技术状况来确定。对于常年运行的用于工业和城镇供水的机组，用于排、灌又要求调相的机组，可逆式的发电机组等，不但要合理地确定大修周期，还要装置一定数量的备用机组，以保证机组在检修期继续供水等。

《泵站安装及验收规范》（SL 317—2004）规定大修周期为：主水泵为 3～5 年或运行 2500～15000h；主电动机为 3～8 年或运行 3000～20000h；并可根据情况提前或推迟。

对用于农田排灌的季节性泵站，不需要规定明确的大修周期和严格的检修分类，这类泵站有充足的时间进行检修或大修。

在确定大修周期和工作量时，应注意下列事项。

（1）如没有特殊要求，尽量避免拆卸技术性能良好的部件和机构，因在拆卸和装配过程中可能会造成损坏或不能满足安装精度要求。

（2）应尽量延长抢修周期。要根据零部件的磨损情况、类似设备的运行经验、设备运行中的性能指标等，当有充分把握保证机组正常运行时，就不安排大修。也不能片面地追求延长大修周期，而不顾某些零部件的磨损情况。大修应有计划地进行，以保证机组正常效益的发挥。

（3）尽量避免全部分解、拆卸机组的所有部件或机构，特别是那些精度、光洁度、配合要求很高的部件、机构。

8.2　离心泵的拆卸检查

　　水泵的零部件虽不复杂，拆装也比较容易，但粗心大意，可能将造成零部件的损坏，影响正常的维护和检修。图 8.2.1 为离心泵拆卸实物图。

图 8.2.1　离心泵拆卸实物图

1. 离心泵的拆卸

　　（1）泵盖拆卸。先松开泵盖两端的填料压盖、把填料压盖向两边拉开，然后松开泵盖上的螺母，泵盖即可拆下。

　　（2）联轴器和转子的拆卸。联轴器的拆卸在泵盖拆卸前后都可。拆卸转子时先拆下泵轴两端的轴承体压盖，即可将整个转子取下，在取下轴承体压盖时要注意保护好转子，取下转子时也要注意不要碰伤叶轮和轴颈。

　　（3）转子各部件的拆卸。先拆下泵轴两端的轴承与轴承盖两端的螺母，将两个轴承体卸下，用专用工具松开压向轴承的两个螺母。用拉子拉下两端的滚动轴承，将轴承盖、护环、填料压盖、水封环、填料套等零件从泵轴上退下，然后将轴套拆下。最后用压力机将叶轮压出。如没有压力机，可将叶轮放平垫好，用木锤将叶轮敲下。

2. 离心泵拆卸后的清洗和检查

水泵在检修时，对拆卸下的零部件应进行清洗和检查，清洗内容如下：

（1）清洗水泵和法兰盘各结合面上的油垢和铁锈，清洗拆下的螺栓、螺母。

（2）刮去叶轮内外表面和口环等处的水垢、沉积物及铁锈，要特别注意叶轮流道内的水垢。

（3）清洗泵壳内表面，清洗水封管、水封环，检查其是否堵塞。

（4）用汽油清洗滚动轴承，然后刮去滚动轴承上的油垢，用煤油清洗擦干。

（5）橡胶轴承应刮擦干净，然后涂上滑石粉，橡胶轴承不能用油类清洗。

（6）在清洗过程中，对水泵各零部件应做详细的检查，以便确定是否需要修理或更换。

检查内容如下：

（1）检查泵壳内部有无磨损或因汽蚀破坏而造成的沟槽、孔洞，检查水泵外壳有无裂纹损伤。

（2）检查叶轮有无裂纹和损伤，叶片和轮盘有无因汽蚀和泥沙磨蚀的砂眼、孔洞，或因冲刷磨损使叶片变薄，检查叶轮入口处是否有严重的偏磨现象。

（3）检查口环和叶轮进口外缘间的径向间隙是否符合规定的要求，口环有无断裂、磨损或变形现象。

（4）检查水泵轴、传动轴是否弯曲，轴颈处有无磨损或沟痕。

（5）检查轴承。对滚动轴承要检查滚珠是否破损或偏磨，内外圈有无裂纹，滚珠和内外围之间的间隙是否合格。对滑动轴承应检查轴瓦有无裂纹或斑点，检查轴瓦的磨损程度以及轴与轴瓦之间的间隙是否合适。对橡胶导轴承应检查其磨损程度，有无偏磨及偏磨的程度，有无变质发硬。

（6）检查填料是否需要更换，填料压盖有无裂纹、损伤。检查合格后进行装配，如图 8.2.2 所示。

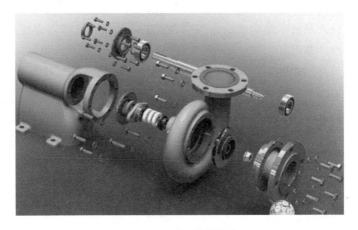

图 8.2.2　离心泵装配图

8.3　离心泵主要部件的修理

1. 泵壳的修理

泵壳都是用生铁铸造，易因受到机械力或热应力的作用而出现裂缝，或因汽蚀而出现蜂窝孔洞。如损坏严重，应更换，如损坏程度较轻，可进行修补。在修补泵壳时一般用冷焊的方法，焊补时要用生铁焊条，分段一层层堆焊，每焊一层要把表面浮渣和杂质清除干净。每堆焊一段用小锤敲击一段，以消除焊接内应力，防止变形。

若泵壳内部发现深槽或大面积的孔洞，用高分子材料代替焊补，效果很好。有的泵壳、叶轮等零部件因泥沙磨损或汽蚀损坏后，用环氧树脂涂敷修补效果很好。

2. 泵轴的修理

如泵轴有裂缝或表面有较严重的磨损，足以影响轴的强度时，应更换新轴。如轴有轻微弯曲或轻微磨损、拉沟等，应进行修复。

（1）轴颈拉沟及磨损后的修理。采用滑动轴承的泵轴轴颈，因润滑不良或润滑油带进铁屑、砂粒等而使轴颈擦伤或磨出沟痕。橡胶导轴承处的轴颈磨损等，一般采用镀铬、镀铜、镀不锈钢等方法来进行修复，然后用车或磨的方法加工成标准直径。

由于荷载的冲击、皮带拉得过紧或安装不正确等原因会使泵轴弯曲变形；安装运行及堆放不当，更易弯曲变形。泵轴弯曲后，机组运行时的振动加剧，将使轴颈处磨损加大，甚至造成叶轮和泵壳的摩擦，影响机组的正常运行。修理的方法有：较细的泵轴可在弯曲处垫上铜片，用锤敲打校直；对直径较大、弯曲不严重的泵轴，可用螺杆校正器校直或用捻棒敲打法校直。

（2）泵轴螺纹的修理。泵轴端部螺纹有损伤的可用什锦锉把损伤螺纹修一下继续使用。如损伤严重，则必须将原有螺纹车去，再重车一个标准螺纹；或先把泵轴端车小，再压上一个衬套，在衬套上车削与原来相同的螺纹；也可用电、气焊在泵轴端螺纹处堆焊一层金属，再车削与原来相同的螺纹。

（3）键槽修理。如键槽表面粗糙，损坏不大时，可用锉刀修光即可。如损坏较重，可把旧槽焊补上，在别处另开新槽。但对传动功率较大的泵轴必须更换新轴。

3. 轴承的修理

轴承在水泵运行中承受比较大的荷载，是水泵中比较容易坏的零件之一。

（1）滚动轴承。滚动轴承使用时间较长或因维护安装不良，所造成的磨损过限、支架损坏、座圈破裂、滚珠破碎、滚珠和内外圈之间的间隙过大等现象，一般均需更换新轴承。

（2）滑动轴承。滑动轴承的轴瓦是用钢锡合金铸造的，是最容易磨损或烧毁的零件。一般轴瓦合金表面的磨损、擦伤、剥落和熔化等大于轴瓦接触面积的 25％时，应重新浇铸轴承合金（巴氏合金）。当低于 25％时可补焊，补焊时所用的巴氏合金必须和轴瓦上的巴氏牌号完全相同。另外，如轴瓦出现裂纹或破裂等，都必须重新浇铸轴承合金。

（3）橡胶轴承。轴流泵上的橡胶轴承磨损需要更换新件。

4. 叶轮的修理

水泵的叶轮由于受泥沙、水流的冲刷、磨损，常形成沟槽或条痕，有时因受汽蚀破坏，叶片常出现蜂窝状的孔洞。如叶轮表面裂纹严重，有较多的砂眼或孔洞，因冲刷面使叶轮壁变薄，影响到叶轮的机械强度和性能；叶片被固体杂物击毁或叶轮入口处有严重的偏磨时，应更换新叶轮。如对水泵的性能和强度影响不大，可用焊补的方法进行修理，焊补后要用手砂轮打平，并做平衡试验。在更换轴流泵的叶片时，应全套一起更换，在更换前应对每个叶片进行称重，以免出现不平衡现象。

5. 轴封装置的修理

轴封装置包括轴套和填料两部分。

（1）轴套修理。填料装置的轴套（无轴套时则为泵轴）磨损较大或出现裂痕时应更换新套，若无轴套，应将轴颈加工镶套。

（2）填料。填料用久会失去弹性，因此检修时必须更新。填料大多采用断面为方形的浸油石棉绳，安装之前应预先切割好，每圈两端可用对接口或斜接口。填料与泵轴之间应有很好的配合，并留有一定的间隙。安装前在机油内浸透，逐圈装入，接口要错开（不得小于 120°）。填料压盖、挡环、水封环磨损过大或出现沟痕时，均应更换新件。

6. 减漏环的修理

如减漏环已破裂或它与叶轮的径向间隙过大时，应更换新件。新件内径应按叶轮入口内径来确定，叶轮与减漏环之间的间隙为 0.1～0.5mm。

第9章 泵站运行、保养
程序与规范

9.1 运行人员守则

（1）运行人员必须经过专业技术培训和三级安全教育，考核合格后才能持证上岗。

（2）做到"三好""四会"，即"管好、用好、修好设备；会使用、会检查、会保养、会排除一般常见故障"。严格遵守安全技术操作规程和岗位责任制。

（3）严格执行交接班制度，交接人员共同到现场检查设备、做好记录。

（4）专机专责，运行人员对其负责的设备负责，必须严格执行巡回检查（点检）制度，按规定的时间内容和巡检路线对设备进行认真检查。运行人员必须做到"五勤"：勤看、勤听、勤摸、勤嗅、勤想。点检必须按照规定的点检部位、内容进行，认真、按时、准确做好设备运行各参数记录。发现异常及时处理，并做好记录。

（5）保持生产现场环境整洁，做到人尽其责、物归其位。

（6）设备出现故障时必须及时采取措施处理，报告站中控室，自己不能排除时，按故障处理程序上报，做好记录和检修后的验收工作。发生事故时，按事故处理程序上报，保护好现场。

（7）班、组长每天必须巡视视检查设备运行状况，分析运行日志，发现异常及时报告技术室，查阅有关保养、检修记录情况，负责组织本班组及时处理设备事故、故障并上报。

（8）班、组长每周对本班组设备管理工作进行周检，并在日常保养记录上签名。检查内容：机房环境是否整洁；泵组及一切附属设备运转是否正常；各种标识是否正确；运行、保养记录是否规范。

（9）工段长每月负责对本工段设备管理工作进行月检。

9.2 岗位责任制

1. 岗位值班通则

（1）自觉遵守交接班制度、本岗位安全技术操作规程以及出入机房制度。

（2）上班时不煮食、不做私事、尽职尽责，平时不能"串岗"，上班不能睡觉，力求依时巡视各设备和仪表，按时抄报各类报表。

（3）不得擅离岗位，有急事先请示后离开，离岗时间不宜超 0.5h。

（4）爱护公物，保管好工具、仪器、劳护用品和各类通知及报表。

（5）积极配合维修人员做好本岗位设备的抢修和维修，并做好记录，报表要求整洁、无错漏、字迹工整。

（6）对本人负责的卫生范围应做好保洁，每班不能少于一次，搞好环境卫生。

2. 水泵工岗位责任制

（1）严格遵守各项规章制度，安全技术操作规程，服从值班长、调度工及领班的指挥，保障正常供水，做到文明生产。

（2）熟悉掌握本岗位工作技能，努力提高技术水平。

（3）做好水泵机组的维护保养工作，密切注视机组运行情况，发现问题及时处理并知会领班，并做好记录，较大的问题及时向值班长汇报。

（4）准确记录各有关数据，正确填写各类报表，保持整洁，按时上交。

（5）配合维修人员做好预防检查，更改大修项目。

3. 水泵工行为规范

（1）自觉遵守交接班制度，做好各项交接工作。

（2）检查机组（要求每小时巡查）内容：看、听、摸、闻。各指示仪表、灯是否正常，电流、电压、泵出口压力、总压力、阀门开启情况、温度、油箱油质、油量、填料、噪音、轴承、振动、流量计和水质仪表。

（3）接班后 0.5h 内完成当班小结。

（4）接班后 1h，搞好本岗清洁卫生及自己负责的泵组卫生，包括墙、地面、办公台、门窗等。

（5）接班 2h 后冲洗机房地面一次。

（6）每小时巡视各运行泵组一次。

4、电工岗位责任制

（1）运行电工负责本站变、配电设备的安全运行工作。其工作内容包括设备巡视、表计记录、倒闸操作、事故处理、日常维护、环境清洁及资料整理等。

（2）运行电工应熟悉设备、系统和基本原理，熟悉操作和事故处理，熟悉本岗位的规程和制度；能正确地进行操作和分析运行状况，及时地发现故障和排除故障，掌握一般的维修技能。

（3）电站组组长是变电站直接负责人，对站内人员的政治思想、安全生产、技术管理工作负责，严格执行和完成上级布置的工作任务。

（4）正值班员在当值期间是本站内安全供电和人员安全、设备安全的具体负责人，对当值工作负全部责任。在当值内负责与电力部门、调度部门联系，服从电力调度部门、厂中控室上级的指挥。

（5）副值班员在值班期间服从正值班员的领导，负责对设备进行操作及运行、维护、检修。

（6）运行电工应切实执行供电部门的发布的 10kV 变电所运

行规程等本岗位的规程和制度。

9.3 交接班制度

岗位交接班应该严肃、认真，做到"三交清""三注意""三应该"。

1."三交清"

（1）交清生产和设备运行情况。

（2）交清上级通知指示及安全、保卫、清洁卫生情况。

（3）交清工具、劳护用品、消防器具、各设施使用情况。

2."三注意"

（1）接班者应提前15min到岗接班（酒后不能接班，交班者有权拒绝交班），详细听取交班者讲述上班生产运行情况，并共同对各设备、水质进行检查。

（2）交接班期间如发生事故，交班者应继续处理，接班者协助。如果因时间过长，经双方主管同意，交班者方能离开，未有接班者，应继续当班工作，并报值班长。

（3）交班时，对设备及水质等有异议，应双方做好记录。凡接班后所发生的一切均由接班者承担。

3."三应该"

（1）接班者应该观看上班记录和报表，核对生产情况。

（2）接班者应该会同交接者，共同核对各项指标执行情况，例如：水尺、压力、水位、温升、各种仪表读数、浓度和存量等。

（3）交接双方应该在交接班记录本上共同签上姓名、交接时间，以认可交接完毕。

9.4 巡回检查（点检）制度

1.巡检时间

每0.5h或每1h检查一次。

2. 巡检路线

（1）某泵站巡检路线图如图 9.4.1 所示。

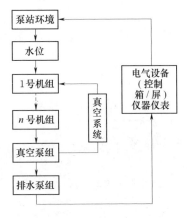

图 9.4.1　某泵站巡检路线图

（2）某变电站巡检路线图如图 9.4.2 所示。

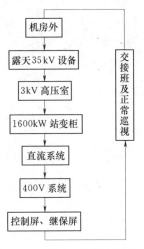

图 9.4.2　某变电站巡检路线图

3. 泵站设备巡检内容

（1）运转过程中，必须观察仪表读数、轴承温度、填料室滴水和发热及泵的振动和声音是否正常，发现异常情况应及时处理。

（2）检查进水水位，水位低于规定的最低水位时，应立即查找原因并进行处理。

具体点检部位、内容及要求见表 9.4.1。

表 9.4.1　　　　　　　　点检部位、内容及要求

设备名称	点检编号	点检部位及内容	点检要求
仪表	1	检查并记录电流表读数	读数不能超过电动机额定电流，保持正常、稳定
	2	检查并记录电压表读数	读数允许在额定电压的±10%范围，保持正常、稳定
	3	检查并记录流量计读数	读数显示正常、稳定
	4	检查并记录真空表读数	读数正常、稳定
	5	检查并记录压力表读数	指示正常、稳定
	6	观察指示灯	指示正确
	7	检查并记录清水池水尺	读数正常、稳定
电动机	1	检查机座稳固性、振动、声响	检查固定螺栓和连接螺栓有无松动，声响、振动有无异常
	2	检查前后轴承的运行温度、振动、润滑	触摸前、后轴承，温度最高不超过75℃
	3	检查并记录定子的运行温度	运行温度允许范围根据绝缘等级确定，见标准
	4	检查进线电缆头运行情况	检查电缆头是否密封性能良好，有无漏油、发热现象
	5	检查滑环与电刷的表面及接触面状态	接触面积应不少于80%，滑环表面无凹痕，清洁平滑

设备名称	点检编号	点检部位及内容	点检要求
水泵	1	检查泵体机座稳定性，振动、声响	检查固定螺栓和连接螺栓有无活动，运行中有无异常振动、声响
	2	检查前后轴承的运行温度、振动、润滑	运行温度不得超过75℃，振动无异常
	3	检查填料室的滴水情况及温度	填料室滴水应呈滴状，宜30～60滴/min，运行中可调节压盖螺栓来控制松紧度，并检查填料盒处有否过热
	4	检查密封环部位	静听声音是否正常
	5	检查泵接合面外观	应整洁无锈迹，接合面处螺栓紧固无松动
阀门	1	检查冷却水阀门启闭情况	泵组在运行中冷却水阀门应处在"开"状态
	2	检查真空阀门的启闭情况	抽真空时应打开真空阀门
	3	检查进出水阀门的灵活性和标志	应灵活、易关闭，标志准确
	4	检查电动阀门拔臂和行程开关位置	检查位置是否正常
	5	检查法兰接口面密封情况	法兰接口面应无漏水情况
	6	检查管道的振动情况	应无异常或强烈振动
	7	检查液压装置的油位和油质	阀门开启时油位不低于油位指示中线

9.5 故障、事故处理程序

水泵机组故障及事故处理程序如图9.5.1所示。

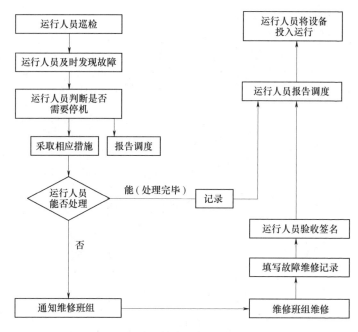

图 9.5.1　故障、事故处理程序

9.6　水泵机组异常情况的处理

1. 水泵异常情况的处理

（1）运行中出现表 9.6.1 中情况之一时，应立即停机。

表 9.6.1　　　　停机故障表

序号	停 机 情 况
1	水泵不吸水，压力表无压力或压力过低
2	突然发生极强烈的振动和噪音
3	轴承温度过高或轴承烧毁
4	水泵发生断轴故障
5	冷却水进入轴承油箱
6	机房管线、阀、止回阀发生爆破，大量漏水

序号	停 机 情 况
7	阀门或止回阀阀板脱落
8	水锤造成机座移位
9	电气设备发生严重故障
10	井泵动水位过低，形成抽空现象或大量出沙
11	补压井加氯机或加氯管道损坏
12	不可预见的自然灾害危及设备安全

（2）运行中出现下列情况之一时，可先开启备用水泵而后停机。

1）泵内有异物堵塞使机泵产生震动或噪音。

2）冷却、密封管道堵塞经处理无效。

3）密封填料经调节填料压盖无效，仍发生过热或大量漏水现象。

4）进水口堵塞使出水量显著减少。

5）发生较严重汽蚀，调节阀门无效。

（3）水泵发生异常情况，均应详细记录并及时上报。

2. 电机异常情况的处理

（1）运行中有下列情况之一者，应立即停机。

1）电动机及控制系统发生打火冒烟。

2）电动机强烈振动。

3）轴承过度发热。

4）缺相运行。

5）电动机所带的水泵发生故障。

6）同步电动机出现异步运行。

7）滑环严重灼伤。

8）滑环与电刷产生严重火花及电刷剧烈振动。

（2）运行中出现下列情况之一者，可根据情况先启动备用机组再停机。

1）铁芯和出口空气温度升高较快。

2）电动机出现不正常的声响。

3）定子电流超过额定允许值。

4）电流表指示发生周期性摆动或无指数。

5）同步电动机连续发生追逐现象。

（3）电动机在运行中发生自动动跳闸时，在未查明原因前，不得重新启动；因电源失压非直流电源故障失励，可重新启动（有特殊技术要求者除外）。

9.7 泵站日常保养内容

1. 日常保养

日常保养（属经常性工作）由运行值班人负责，对设备进行经常性的保养和清扫灰尘。

2. 水泵日常保养

水泵日常保养项目、内容，应符合表 9.7.1 的规定。

表 9.7.1　　　　水泵日常保养项目、内容和规定

序号	水泵保养项目	保养内容要求
1	应及时补充轴承内的润滑油或润滑脂，保证油位正常	定期检测油质变化情况，换用新油
2	根据运行情况，应随时调整填料压盖松紧度	填料密封滴水宜 30～60 滴/min
3	根据填料磨损情况应及时更换填料	更换填料时，每根相邻填料接口应错开大于 90°，水封管应对准水封环，最外层填料开口应向下
4	监测机泵振动	超标时，应检查固定螺栓和联结螺栓有无活动；不能排除时，应立即上报
5	检查、调整、更换阀门填料	做到不漏水，无油污、锈迹
6	设备外配零部件应做到防腐有效	铜铁分明，无锈蚀，不漏油、不漏水、不漏电、不漏气（真空管道）
7	各部零件应完整	设备铭牌标志应清楚

3. 电机日常保养

电机日常保养项目、内容，应符合下列规定。

（1）电动机与附属设备外壳以及周围环境应整洁。

（2）设备铭牌以及有关标志应清楚。

（3）应保持正常油位，缺油时应及时补充同样油质润滑油，对油质应定期检测，发现漏油、甩油现象应及时处理，油质不符合要求时，建议用新油。

（4）绕线式异步电动机和同步电动机的电刷磨损达到 2/3 时，应更换电刷。

（5）井用潜水电动机每月应测一次引线及绕组的绝缘电阻，其值应符合有关规程的规定。